アワードハント・ガイド　お勧めアワード100＋α

アワードハント・ガイド
お勧めアワード100＋α
カラー版

第3章で紹介している「お勧めアワード100＋α」の中で，特にデザインが美しいアワードをカラーページで紹介します．

One Day AJD　　地域収集

- 発行者：姫路アマチュア無線クラブ
- 発行開始：1957年
- 発行数：4,236枚
- SWL：発行する
- 外国局：発行する（IRC 12枚）
- 申請者の移動範囲制限：同一都道府県内
- アワードのサイズ：A4
- ルール：24時間（00:00～24:00JST，00:00～24:00UTC）以内に，国内の10コール・エリアと交信しQSLカードを得る．国内局はJSTのみ有効．QSLカード・リストには交信時刻を明記．
- 特記：バンド，モードのほか，JARLのアワード規約に順ずる．
- 申請：申請書C＋800円（切手も可）
  〒670-8691 姫路支店私書箱6号　姫路アマチュア無線クラブ
  連絡先…高橋 清（JA3NJB）
  TEL…0790-43-0096
  E-Mail…ja3njb0059@yahoo.co.jp
- URL：http://ja3zcf.web.fc2.com/

10 ISLANDS AWARD

地域収集

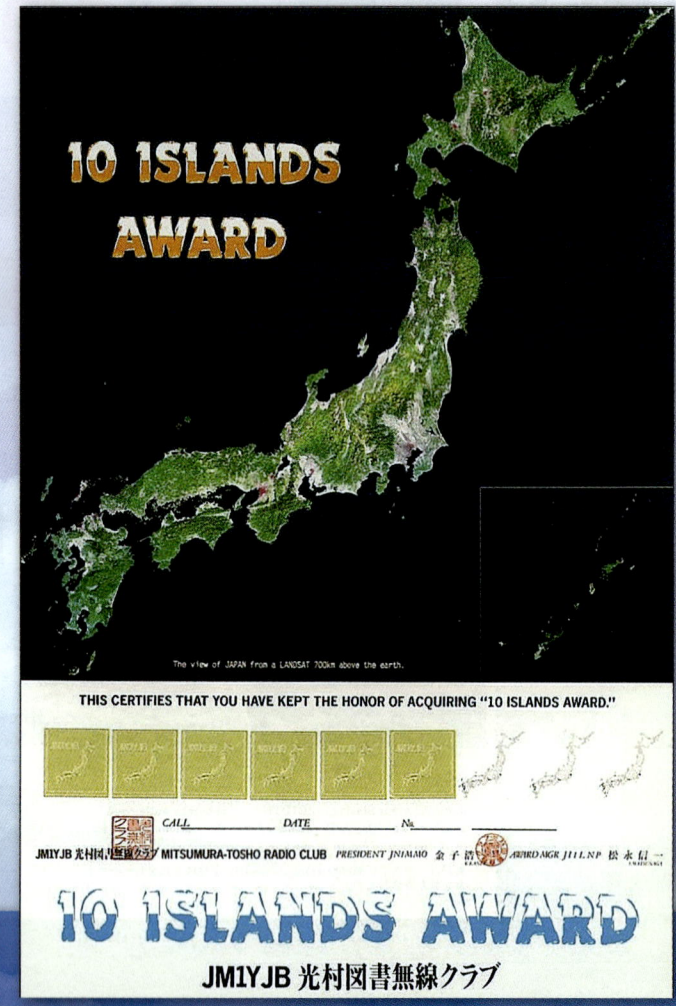

- 発行者：光村図書無線クラブ
- 発行開始：1991年11月29日
- 発行数：632枚
- SWL：発行する
- 外国局：発行する(US 5ドル)
- アワードのサイズ：A4
- ルール：日本国内の異なる10島よりQSLカードを得る．以降10島ごとにステッカーをエンドレスに発行．
  本州，北海道，四国，九州，JD1(小笠原諸島)，無人島も有効．現時点での北方4島(択捉島，国後島，歯舞諸島，色丹島)は無効．湖，河川内，人工の島は無効．
- 特 記：希望事項．
- 申 請：申請書C＋500円(ハンディ・キャッパーは無料)
  追加申請のステッカーは申請書C＋100円×枚数＋SASE
  〒224-0066 横浜市都筑区花見山40-22-402　松永信一(JI1LNP)
  E-Mail…ji1lnp@jarl.com

ALL NIIGATA AWARD

地域収集

- 発行者：JARL新潟県支部
- 発行開始：2000年5月1日
- 発行数：380枚
- SWL：発行する
- 外国局：発行する（US 4ドルまたはIRC 4枚）
- アワードのサイズ：A4
- ルール：次の条件を満たすように新潟県内運用局と交信しQSLカードを得る.
  - 20市郡賞…異なる20市郡から各1局
  - 全市郡賞…申請時に現存する異なる全市郡から各1局
  - DX賞…異なる8市郡から各1局（国外局のみに発行）
  - 20市郡賞とDX賞はアワードを発行する．全市郡賞は20市郡賞を受賞後にステッカーを発行する．20市郡賞と全市郡賞の同時申請可．消滅市郡も20市郡賞に有効．全市郡賞には不要．ゲストオペのQSLカードは無効．
- 特 記：バンド，モード，QRP．バンドとQRPは別途発行No.を付与する．
- 申 請：申請書C（書式は任意，A4サイズ）+400円+82円切手（連絡用，使用しない場合は返却）．ステッカーのみは申請書C+SASE．
  〒950-0843 新潟市東区粟山4-10-13　浦野修一（JA0GMY）
  E-Mail…ja0gmy@jarl.com
- URL：http://www.jarl.com/niigata/

JAPAN THE FOUR CORNERS AWARD 四極賞　地域収集

発行者：下関市長　中尾 友昭
発行開始：2001年8月1日
発行数：151枚
SWL：発行する
外国局：発行する（IRC 5枚）
アワードのサイズ：A4
ルール：日本本土の最端地に位置する下表の市，区，町と交信してQSLカードを得る．
　クラスB…北海道，本州，四国，九州のそれぞれの東西南北で完成する
　クラスA…北海道，本州，四国．九州をすべて完成する
　クラスEX…クラスAを完成させ，さらに下表の島から3島以上のQSLカードを得る
　クラスDX…根室市，長崎県，鹿児島県，稚内市のQSLカードを得る．DX局のみに発行

	東端	西端	南端	北端
北海道	根室市	久遠郡せたな町	松前郡松前町	根室市
本州	岩手県宮古市	山口県下関市	和歌山県東牟婁郡串本町	青森県下北郡大間町
四国	徳島県阿南市	愛媛県西宇和郡伊方町	高知県土佐清水市	香川県高松市
九州	大分県佐伯市	長崎県佐世保市	鹿児島県肝属郡南大隅町	福岡県北九州市門司区
島	東京都 南鳥島	沖縄県 与那国島	東京都 沖ノ鳥島, 南極(8J1RL・8J1RM)	北海道 択捉島

特記：バンド，モード．
申請：申請書C＋500円（ステッカーは何枚でもOK）
　　　次回ステッカー代50円（何枚でもOK）＋SASE．
　　　〒750-0092 下関市彦島迫町2-4-43　吉岡昌彦（JA4KCG）
　　　E-Mail…ja4kcg@jarl.com

アワードハント・ガイド　お勧めアワード100＋α

久慈川源流の里賞

地域収集

発行者：アマチュア無線クラブ「かじか」
発行開始：1997年3月1日
発行数：165枚
SWL：発行する
外国局：発行する（IRC 10枚＋リターンアドレス）
申請者の移動範囲制限：同一都道府県
アワードのサイズ：A4
ルール：次の地域と交信してQSLカードを得る．
　クラスA…久慈川流域の4市4町1村
　クラスB…久慈川流域の4市3郡
　クラスC…久慈川流域の4市3郡のうち，東白川郡を含む4市郡
　久慈川流域は，福島県東白川郡（棚倉町，塙町，矢祭町），茨城県日立市，常陸太田市，常陸大宮市，那珂市，久慈郡大子町，那珂郡東海村．
　移動局のQSLカードには市町村まで明記してあること．いずれのクラスも同一局は交信年月日が異なる場合のみ有効．市町村名に変更があった場合は申請時の市町村とし，消滅市町村はカウントしない．クラスAにおいて1地区に限り東白川郡内のQSLカード1枚で代用可．朱書．
特記：バンド，モード，ほかに希望事項．
申請：申請書C＋500円
　〒963-6101　東白川郡棚倉町大字堤字羽黒西14　中野良弘（JH7MGJ）
　E-Mail … jh7mgj@jarl.com

アマチュア無線 アワードハント・ガイド 5

Japan Island Award（J.I.A.） 地域収集

発行者：つしまクラブ
発行開始：1977年4月
発行数：445枚
SWL：発行する
外国局：発行する（IRC 5枚）
アワードのサイズ：A4
ルール：同クラブ作成のリストに記載されている日本国内の有人島と交信し，QSLカードを得る．
　島名が記載されていれば移動局も可．50島賞，100島賞，200島，300島，全島賞，全島特別賞を発行．
特記：バンド，モード．
申請：申請書C＋500円（B/P無料，要手帳の写し）
　申請書と島名リストは返信用宛名カードと140円切手同封またはE-Mailで申請先へ請求する．QSLカード・リストはWebサイトか　ら ダウンロードができる．
　〒817-0031 対馬市厳原町久田道1471-1　庄司政行（JF6OID）
　TEL/FAX…0920-52-1252
　E-Mail…jf6oid@jarl.com
URL：http://www.h5.dion.ne.jp/~matkee

アワードハント・ガイド　お勧めアワード100+α

長崎の教会群世界遺産登録支援記念賞 AWARD　地域収集

発行者：長崎アワードハンターズクラブ
発行開始：2009年8月1日
発行数：200枚
SWL：発行する
外国局：国内局を通じて同額で発行.
アワードのサイズ：A4
　ルール：長崎県内で運用する局（県外からの移動局を含む）と次の局数を交信する．QSLカードの取得不要.
　A賞…10局
　B賞…5局
　メンバー局は2局分にカウント．メンバー局…JA6XT, JA6BHY, JA6JJU, JA6KSW, JA6UBY, JA6WOV, JH6EUD, JH6TKV, JE6EHF, JI6SGQ, JR6CER, JO6JAW.
特記：バンド，モード
申請：申請書C＋500円＋自局のQSLカード
　〒850-0037 長崎市金屋町9-9-703 田尻靖雄方　長崎アワードハンターズクラブ事務局
　E-Mail…ja6uby@jarl.com
参考：申請料の内から関係機関へ寄付を行う.
URL：http://jh6ydl.blog108.fc2.com/

水郷日田賞

地域収集 **その他**

発行者：井上ファミリーハムクラブ
発行開始：1989年12月
発行数：280枚
SWL：発行する
外国局：発行する（IRC 8枚）
アワードのサイズ：A4
ルール：「水・郷・日・田」の文字が入る市・郡よりQSLカードを得る．
　　クラス水郷…全地区＋メンバー5局＋op.井上さんでAJD
　　クラス日隈…77地区＋メンバー4局＋op.井上さん7局
　　クラス月隈…33地区＋メンバー3局＋op.井上さん3局
　　クラス星隈…11地区＋メンバー1局＋op.井上さん1局
　　クラス三隈（V/UHF）…トップレターで「SUIKYO HITA」とつづる＋op井上さん1局．HITAはYL局でつづること．
　　井と上の字を含む2局（囫 吉井さん＋上野さん）で井上さん1局と認める．「水・郷・日・田」が含まれる地区はWebサイトを参照．井上ファミリーハムクラブのメンバー（JR6QJR, JE6PPK, JI6WVO, JI6WVP, JO6PLA）に天領日田アワードハンターズグループ（THAG）のメンバーを含む．THAGメンバー・リストはTHAGのWebサイト（http://www.jarl.com/thag/）を参照．メンバー1局で3地区に代用可．消滅市・郡も有効．THAG創立記念QSLカードは各QSLカードごとに1枚で3地区に代用可．YL局10局でメンバー1局に限り代用可．
特記：バンド，モード．
申請：申請書C＋500円（クラス水郷は定型外100gぶんのみ）
　　〒877-0047 日田市中本町6-13　井上信行（JR6QJR）
　　E-Mail… jr6qjr@jarl.com
URL：http://www.geocities.jp/jugemu_jr6qjr/jr6qjr/

アワードハント・ガイド　お勧めアワード100＋α

福井県全市町交信賞

地域収集

発行者：JARL福井県支部
発行開始：1980年6月
発行数：194枚
SWL：発行しない
外国局：発行しない
申請者の移動範囲制限：同一都道府県（福井県内の申請者は同一市町）
アワードのサイズ：A4
ルール：3バンド以上を使用して福井県の全市町よりQSLカードを得る．
　1980年1月1日以降の交信が有効．同一局のQSLカードは1枚のみ使用可．QSLカードは申請時に現存する市町が明示されていること．
特記：バンド，モード．
申請：申請書C＋JARL会員500円，非会員1,000円
　特定申請用紙はWebサイトからダウンロードできる．
　〒912-0815　大野市下麻生嶋67-9　前川公男様方　福井県支部アワード委員会
URL：http://www.jarl.com/hukui/

天童賞

地域収集　つづり字

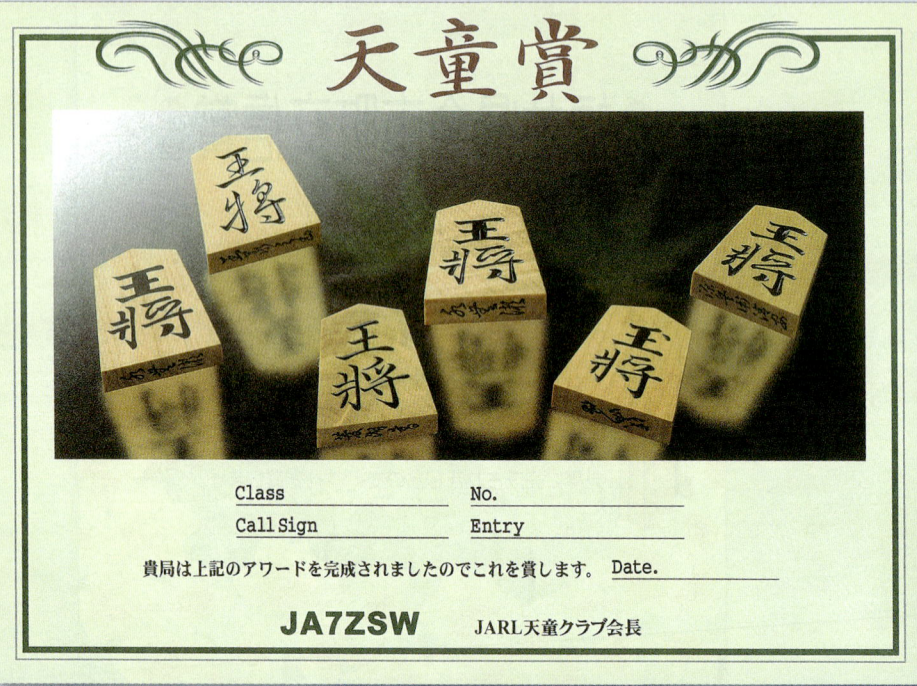

発行者：天童クラブ
発行開始：2014年7月1日
発行数：59枚
SWL：発行する
外国局：発行しない.
アワードのサイズ：A4
ルール：次の条件を満たすように交信してQSLカードを得る.
　クラス「王将」…東北管内局のトップレターで「SHOUGI TO IDEYUNO MACHI TENDO」とつづり，さらにJA7ZSWおよび天童市内から運用する3局と交信する（合計29局）
　クラス「金将」…東北管内局のトップレター，ミドルレター，テールレターでそれぞれ「TENDO」とつづり，さらに天童市内から運用する2局と交信する（合計17局）
　クラス「銀将」…山形県内局のトップレターで「TENDO」とつづり，さらに天童市内から運用する1局と交信する（合計6局）
　クラス「桂馬」…自局運用エリア以外の局のテールレターで「TENDO」とつづり，さらに天童市内から運用する1局と交信する（合計6局）
申　請：申請書C＋500円
　申請書はWebサイトからダウンロードできる．
　〒994-0062 天童市長岡北3-3-37　武田純成（JA7EWQ）
　E-Mail…ja7ewq@jarl.com
　問い合わせは申請先までSASEまたは電子メールにて．
URL：http://www.jarl.com/yamagata/

アワードハント・ガイド　お勧めアワード100＋α

KUROBE名水AWARD　　地域収集

発行者：黒部クラブ
発行開始：1996年6月
発行数：166枚
SWL：発行する
外国局：発行する(500円)
申請者の移動範囲制限：同一都道府県
アワードのサイズ：A4
ルール：次の条件を満たすように交信し、QSLカードを得る
　名水百選賞…全国名水百選の中から100の市郡＋黒部市内1局
　湧水賞…全国名水百選の中から50の市郡＋黒部市内1局
　清水賞…全国名水百選の中から10の市郡＋黒部市内1局
　ウォーター賞…富山県1局を含む9エリア10局（海外局のみに発行）
　全国名水百選のリストはWebサイトからダウンロードできる。1966年6月1日以降の交信が有効。
特記：バンド，モード．
申請：特定申請書＋500円＋自局QSLカード
　〒938-0041 黒部市堀切1641-1　平田幹雄(JA9CCB)
URL：http://www.ni-po.ne.jp/~hiroyuki/

秋田全市町村賞

地域収集

- **発行者**：JARL秋田県支部
- **発行開始**：2007年
- **発行数**：900枚
- **SWL**：発行する
- **外国局**：発行する(IRC 8枚)
- **アワードのサイズ**：A4
- **ルール**：秋田県の全市町村よりQSLカードを得る.
  1972年4月1日以降の交信が有効.
- **特記**：バンド，モード.
- **申請**：申請書C＋500円
  〒010-0976 秋田市八橋南1-11-10　松橋 密 (JF7UIW)
  E-Mail…jf7uiw@jarl.com
- **URL**：http://www.jarl.com/akita/
- **参考**：今後市町村に変更ある場合は，申請時の全市町村とする.

みずばしょう賞　つづり字

発行者：網走クラブ
発行開始：1971年11月15日
発行数：2,350枚
SWL：発行する
外国局：発行する(IRC 5枚)
アワードのサイズ：A4
ルール：「MIZUBASYO」を次の条件を満たすようにテールレターでつづる．
　クラスA…エリアに関係なくYL局でつづり，網走市在住YL局または網走クラブ員YL1局を加える
　クラスB…AJDを完成し，網走市在住局または網走クラブ員1局を加える
　クラスC…エリアに関係なくつづり，網走支庁管内在住局1局を加える
　同一局は1回のみ．つづりに網走局を使用した場合は別に在住局またはクラブ員を加えなくてもよい．
特　記：バンド，モードほか．
申　請：申請書B＋500円
　〒093-0084 網走市向陽ケ丘2-7-8　品田敏和(JR8SUB)

宮崎県全市町村交信賞

地域収集

- 発行者：JARL宮崎県支部
- 発行開始：1989年10月1日
- 発行数：427枚
- SWL：発行する
- 外国局：発行する（500円）
- 申請者の移動範囲制限：同一都道府県
- アワードのサイズ：A4
- ルール：宮崎県内運用局（県外からの移動も有効）から次の条件を満たすようにQSLカードを得る．
  - 全市町村賞…申請時点の全市町村から各1枚，計26枚
  - 全市全郡賞…9市6郡から各1枚
  - 全市賞…9市から各1枚
  - 全郡賞…6郡から各1枚
  - 同一局は全市町村賞で3か所，そのほかの賞は2か所まで認める．
- 特 記：バンド，モードなど．
- 申 請：申請書C＋500円（電子申請は400円）
  電子申請は，JARL様式の申請書類をE-Mailの添付ファイルで送る．手数料の振込先は返信メールで通知．QSLカード・リストには市郡町村名を明記のこと．
  〒880-0945 宮崎市福島町寺山3147-89　上堂秀昭（JH6FTJ）
  E-Mail…jh6ftj@jarl.com
- URL：http://www1.bbiq.jp/jh6ftj/

アワードハント・ガイド　お勧めアワード100＋α

吉野ヶ里歴史公園賞　　地域収集

発行者：神埼ハムクラブ
発行開始：1998年8月15日
発行数：336枚
SWL：発行する
外国局：発行しない
申請者の移動範囲制限：同一都道府県
アワードのサイズ：A4
ルール：佐賀県内局と次のポイントを得るように交信し，QSLカードを得る．
　クラス吉野ヶ里…30ポイント以上
　クラス弥生…15ポイント以上
　ポイントは次のとおり．
　JA6YLYメンバー…5ポイント．神埼町・吉野ヶ里町(旧三田川町・旧東脊振村)内局…3ポイント．
　神埼郡内局…2ポイント．
　佐賀県内局…1ポイント
　移動先明記のQSLカード有効．ただし佐賀外局が佐賀県で運用したQSLカードは無効．同一局はバンドが異なれば有効．メンバー局はWebサイトを参照．
　特記：バンド，モード．
　申請：申請書C＋300円(小額切手でも可)
　〒849-0111 佐賀県三養基郡みやき町白壁2690　川久保武之(JH6PGL)
　E-Mail… jh6pgl@jarl.com
URL：http://www.bea.hi-ho.ne.jp/ja6kyu/

武蔵野アワード

地域収集

発行者：JARL武蔵野クラブ
受付開始：2011年1月1日
発行数：139枚
SWL：発行する
外国局：発行する（IRC 8枚）
ルール：関東平野西部に広がる武蔵野台地の指定する地域およびクラブ員と交信しQSLカードを得る．
　A賞…全地域（3区，21市，2町）およびクラブ員3局
　B賞…3区，10市，2町およびクラブ員1局
　C賞…東京都内局のサフィックスの1文字で「MUSASHINO」とつづる＋クラブ員1局
　クラブ員局にはJA1YSWを含み，クラブ員の運用場所が指定地域である場合，ほかにクラブ員のQSLカードは不要．クラブ員局およびクラブ局の運用場所は不問．同一局は日付が異なればカウント可．クラブ員リストはWebサイトを参照．2011年1月1日以降の交信が有効．
　指定地域…練馬区，杉並区，世田谷区（以上3区）．武蔵野市，三鷹市，小金井市，国分寺市，国立市，立川市，清瀬市，東大和市，東久留米市，東村山市，武蔵村山市，西東京市，小平市，昭島市，狛江市，府中市，調布市，福生市，あきる野市，羽村市，青梅市（以上21市）．日の出町，瑞穂町（以上2区）．
特記：バンド，モード，QRP．
申請：申請書C＋500円（メンバー局は必ず朱書き）
　〒167-0032 東京都杉並区天沼2-26-25　井上昭朗（JA1ECU）
　E-Mail…te.inou@jcom.zaq.ne.jp
URL：http://www.jarl.com/ja1ysw/

アマチュア無線運用シリーズ

アマチュア無線アワードハント・ガイド

カラフルな1枚をあなたの手に

CQ ham radio編集部 [編] 協力 ジャパン・アワードハンターズ・グループ

CQ出版社

はじめに

　アマチュア無線の交信は，とてもエキサイティングで楽しいものです．その交信で届いたQSLカードを見ると，交信のようすを思い出し，感動がよみがえります．

　でも，その感動をそのまま引き出しにしまっておくのはもったいないと思いませんか？　積み重ねた交信実績は「アワード」という賞状として形に残せます．仲間内のローカル・ラグチューや一般の交信，コンテスト，アワード・サービス向けの移動運用，記念局，海外交信，DXペディション局など，思い出に残るそのすべての交信が，アワードの対象となりえるのです．届いたアワードを手にしたとき，さらなる感動が広がるに違いありません．これは，ビギナーだけでなく，ベテランのアワードハンターでも同じです．

　アワードのルールには，1回の交信で完成するものから数十年かけてようやく完成する気の遠くなるようなもの，単純なルールのものから趣向を凝らしたユニークなルールのものまでさまざまです．すべてのアマチュアバンド，すべての運用モードが対象となっているので，すべてのアマチュア無線家がアワードを楽しめるのです．アマチュア無線ビギナーでも，二の足を踏むことはありません．ビギナーでも十分完成できる，やさしいアワードがたくさんありますから．

　アワードの完成を目指すために，設備の見直しやオペレーション・テクニックの向上，必要な知識の習得など，自己研鑽によるスキルアップにも大いに役立ちます．

　一生をかけても味わい尽くせない，そんなアワードの楽しみ方をぜひ本書で見つけてください．

2015年12月　CQ ham radio編集部

本書について

■ **本書に掲載しているアワード**

　本書では，原則的に申請先が日本国内のアワードを紹介しています．その中でもアワード発行期間に定めのない，いわゆる通年アワードを選びました．それ以外のアワードは，コラム的な扱いで紹介しています．

■ **用語の説明**

　本書に収録されているアワードのルールに出てくる用語を説明します．

申請者の移動範囲制限：申請者がアワードを完成させるための交信を許される運用地制限のこと．この項目がなければ，制限なしと解釈する．

トップレター/ミドルレター/テールレター：サフィックスの最初の文字/真ん中の文字/最後の文字のこと．サフィックスが3文字の場合，最初の文字をトップレター，2文字目をミドルレター，最後の文字をテールレターと呼ぶ．いわゆる2文字局は，1文字目をトップレター，2文字目をテールレターと呼ぶ．これ以外のサフィックスの扱いは，発行者へ問い合わせること．

例 テールレターで「JAPAN」とつづる場合，JH2DLJ，JA7FVA，JR4IKP，JF2AJA，JR1DTNとなる．

QSLカードの取得：規約内に「QSLカードは取得不要」の説明がなければ，QSLカードの取得は必要．

申請書A/申請書B/申請書C：申請書A…2名によるQSLカードの所持証明（GCR）が必要で，印鑑も必要．申請書B…申請書Aの印鑑が不要．申請書C…QSLカードの所持証明は不要．「申請に関わるQSLカードを間違いなく所持し，提出要求にも応じます」と自己誓約文を申請書に記載しておく．

申請料：注記がなければ郵便局で「定額小為替」を購入して，必ず無記名で申請書に同封すること．受取人を指定すると郵便局の営業時間内に小為替を換金できない事態が発生してしまう．切手可の場合は，使いやすい少額切手を送る配慮をしてほしい．例 申請料500円なら100円切手5枚など．

B/PまたはB/H：ハンディ・キャッパーをB/PまたはB/Hと表す．身体障害者手帳のコピーの提出が，プライバシー保護の観点から問題とされる場合があるので注意したい．

SASE：Self Addressed Stamped Envelopeの略で，返信先の住所を記載し返信用切手を貼った封筒のこと．郵便でアワード発行者に問い合わせを行うときやQSLカードの請求を行うときに使用する．

■ **アワードの申請について**

　アワードのルールや申請先は，変更されることもあります．申請前に，アワード発行者が発表するルールの確認をお勧めします．

もくじ

お勧めアワード100＋α カラー版 1

はじめに 18
本書について 19

第1章　注目のアワード紹介 22

1-1　注目のアワード紹介 22
　　　注目のアワード 1　道の駅アワード 22
　　　注目のアワード 2　湯けむりアワード 25
　　　注目のアワード 3　湖沼賞/PSCW 28

1-2　長期にわたって取り組めるアワード 31
　　　長期にわたって取り組めるアワード 1　AJA（All Japan Award） 31
　　　長期にわたって取り組めるアワード 2　JAIAクラブアワード（JCA） 34
　　　長期にわたって取り組めるアワード 3　WASA HF（Worked All Squares Award HF） 36
　　　長期にわたって取り組めるアワード 4　一万局よみうりアワード 38

　　　コラム 1　グリッド・ロケーターとは 37

第2章　アワードを完成させるためのアプローチ 46

2-1　アワードの成り立ちとその種類 46
2-2　アクティブ・アワードハンターからのワンポイント・アドバイス 49
2-3　アワード完成へのアプローチ 51
2-4　アワード・マネージャーのお仕事 55

もくじ

第3章　完成を目指したいアワード一覧 58

- 3-1　JARLアワード委員会によるJARL発行アワードの解説 58
- 3-2　最初に完成を目指したいアワード BEST 30 74
- 3-3　お勧めアワード100+α 92
  - コラム 2　JARLアワードの電子申請 73
  - コラム 3　電子QSLカード・システム　eQSLのススメ 91

第4章　アワードハントのための基礎知識 142

- 4-1　アワードハントとQSLカード 142
- 4-2　アワードの申請手順 145
  - コラム 4　ハムログでQSLカードを印刷するときに，希望の文字列を入れたい！ 144

付録　アワードに使えるハムログ検索技 150
掲載アワード一覧 154
索引 158
著者プロフィール 159

アイコンの説明

掲載しているアワードがどのようなルールのアワードか一目でわかるよう，次のアイコンを付けています．ルールによっては，複数のアイコンが付けられているアワードもあります．

- **地域収集**　…… コール・エリアや都道府県，市郡区町村，ルールで定められた運用地点などを集めたり，特定地域の局と一定数の交信をして完成させるアワード．
- **つづり字**　…… コールサインの一部の文字を抜き出して，地名や特定の単語，文章をつづるというルールのアワード．
- **局数収集**　…… アルファベットのA～Zを集めたり，特定の文字に注目して集めるアワード．
- **特定局収集**　…… 特定クラブのメンバーやルールで指定された条件の局と交信して完成させるアワード．
- **文字収集**　…… 一定の条件に沿って多数の局と交信をして完成させるアワード．
- **コールサイン**　…… 記念局などの特別なコールサインの局と交信したり，コールサインの一部分（多数のプリフィックス，同一サフィックスなど）を集めたりして完成させるアワード．
- **その他**　…… 上記のどのカテゴリーにも当てはまらないルールのアワード．

第1章

注目のアワード紹介

アマチュア無線のアワードは，数えきれないほど多くの種類が発行されています．本章では，多くの局が完成を目指す人気アワードから，完成まで長い年月がかかるアワードなど，アワードハンターであればぜひチャレンジしたい**注目のアワードを紹介**します．

1-1　注目のアワード紹介

現在バンド内をにぎわせている注目のアワードにスポットを当て，ルールや楽しみ方などを紹介します．本書では，発行期間に制限がない，いわゆる通年アワードを紹介します．

注目のアワード1　道の駅アワード

久慈サンキスト倶楽部が発行する「道の駅アワード」は，多くの局が注目する人気アワードです．特に7MHzを中心に3.5MHzや10MHz，そのほかのバンドで「RS-○番」というナンバーを送っている移動運用局をよく聞きます．これが，道の駅アワード向けのサービスを行っている局なのです．

このアワードの基本ルールは，道の駅の敷地内から移動運用を行った局と交信し，道の駅のスタンプが押されたQSLカードを取得するというもの．交信した相手局だけでなく，自局が道の駅から運用してもアワードの対象となるのが大きな特長です．

道の駅とは

「道の駅」は市町村が申請し，国土交通省が登録する，道路利用時の休憩設備や道路・観光情報などを提供する機能，地域と交流を図る地域連携機能を持った設備です．「24時間いつでも無料で駐車できる」「地域の観光情報が手に入る」「地域の特産品が手に入る」などで，多くの観光客が訪れる人気のスポットになっています．

このような道の駅では，アンテナの設置や駐車場の長時間占有などで迷惑にならないような配慮が求められます．

楽しみ方

このアワードの一番の特長は，届いたQSLカードに道の駅のスタンプが押されていること．日本中から届く道の駅のスタンプを見るだけでも，楽しくなってきます．そうしているうちに，今度は自分が道の駅に出かけたくなるかもしれません．

第1章　注目のアワード紹介

移動運用と言えば，人通りがほとんどなくトイレにも困るような場所で行うことも多いですが，道の駅はそれ自体が一つの観光スポット．ドライブがてら，道の駅に出かけて観光と無線の両方を楽しむのもFBです．全国すべての道の駅で移動運用を行う熱心な局もいて，彼らは新しい道の駅ができるたびにそこを目指します．

道の駅は，毎年新駅設置が行われるため，全駅制覇したとしてもすぐに新たに交信する必要が出てきます．ゴールが決まっていないことも，長く人気が続いている理由の一つなのでしょう．

一口に道の駅アワードと言われますが，それぞれ特長のある九つの部門・賞に分かれています．1局との交信で申請できる部門もあれば，すべての道の駅から運用することで完成する賞もあり，難易度はさまざまです．最初は難易度が低い部門からスタートしましょう．

道の駅アワードの魅力

日本全国の道の駅を巡っている，JA9CD 柳原さんに道の駅アワードの魅力をお聞きしました．

- 道の駅を回るようになったきっかけ

私が道の駅巡りを始めたのは2003年秋から．開局50年になることを機会に何か変わったこと，長続きすることをやりたいと思ったのがきっかけです．福井県大飯郡おおい町の「道の駅名田庄」を皮切りに周辺地域の道の駅を回り，2005年から本格的に遠征を開始しました．

- 道の駅アワードの楽しさ

自局の移動運用で全国訪問の達成を目標にしているのが楽しみであり，年々新駅が増えるのでいつまでも終わりがなく，ライフワークのように楽しめる遊びとしています．近年は年に10～20か所の新駅が生まれています．道の駅での車中泊が多いですが，周辺の観光や温泉巡りも同時に楽しんでいます．2007年に868か所の全国パーフェクト賞を獲得して以来，毎年追加される新駅を一年以内のペースで回ってきました．2015年11月現在は1059駅（未オープンを含む）ありますが，新駅がオープンしたら，半年後に新駅が新規登録されるまでに回るようにしています．近年は体調と相談しながらの行動ですが，一週間程度の車中泊のマイカー旅行を毎年10回ほど実行してきました．

- 道の駅の思い出

多くの道の駅で，運用している私を見つけてアイボールに来てくれるハムがおられます．その数は200人ほどにもなり，日々お空でもおなじみさんになりました．

道の駅に付随した温泉に入るのも一つの楽しみです．湯質の良い所として，長野22番「信州平谷の露天風呂」，栃木8番「きつれがわ」などがお勧めです．
(de JA9CD)

道の駅アワード

地域収集

- 道の駅アワード共通事項

ルール：国土交通省「道の駅」の敷地内（以下，道の駅）から運用する局と各部門，賞の条件を達成するように交信し，道の駅のスタンプが押されたQSLカードを得る．自局が道の駅から運用した場合（以下，自局QRV）は，交信データを記入した自局のQSLカードに道の駅スタンプを押す（相手局のQSLカードは必要ない）．道の駅から運用した局が発行するQSLカードには，必ず道の駅に設置されている「道の駅スタンプ」を押してあること（コピーや印刷は不可）．自局QRVで発行するQSL

カードは，データ面にスタンプを押し，道の駅ナンバーを記載しておくことが推奨される．

申請：申請書＋申請手数料（定額小為替）＋スタンプが押されたQSLカードのコピー（以下，スタンプのコピー）を送る．交信局リストは不要．交信データとスタンプがわかるようにQSLカードをコピーする．スタンプの近くに道の駅ナンバー（14-07など）や駅名（茨城県たまつくりなど）を記入しておくこと．複数枚のQSLカードを提出する場合は，ナンバーの記載位置をおおよそ同じ場所にしておきたい．QSLカードのコピーはチェックしやすいようにエリア順に並べる．

申請先：〒028-8091 久慈郵便局私書箱第 17号 久慈サンキスト倶楽部事務局

URL：http://kujicity.com/ham.top.htm

道の駅QRVラリーアワード

ルール：道の駅からの移動局，または自局QRVで1局以上のアマチュア局と交信する．

相手局移動，自局QRVのMIX可．

申請：スタンプのコピー＋700円．2回目以降の追加申請は500円．

道の駅年間交信賞

ルール：1月1日～12月31日の間に数多くの道の駅と交信，または自局QRVを行う．

相手局移動，自局QRVのMIX可．

申請：QSLカード・リスト＋スタンプのコピー1枚＋500円

申請期間は翌年6月1日（消印有効）まで．期日内なら追加申請可．QSLカード・リスト（様式自由）は自己誓約．ただし事務局が指定したQSLカードの提出を求めることがある．QSLカード・リストの最終交信記載局のQSLカードのコピー（要スタンプ）を1枚同封する．一つの「道の駅」は相手局が違っても1ポイントとする．同様に相手局移動または自局移動もどちらか1ポイントとする．

道の駅QRV全移動部門

ルール：道の駅で自局QRVにより1局以上交信する．

申請：スタンプのコピー＋700円．2回目以降の追加申請は500円．

道の駅QRV全CW部門

ルール：道の駅からCWで運用する局と1局以上交信する．

相手局移動，自局QRVのMIX可．

申請：スタンプのコピー＋700円．2回目以降追加申請は 500円．

道の駅全エリア部門

ルール：道の駅からの相手局移動，もしくは自局QRVによるQSLカードを，日本の10エリアから各1枚QSLカードを得る．自局QRVでは「全移動完成」の特記あり．事務局からのチェック・リストを持っていれば，リストの提出のみでOK．スタンプのコピーは提出不要．

申請：スタンプのコピー＋500円

道の駅全周波数部門

ルール：道の駅からの相手局移動，もしくは自局QRVによる交信を行い，国内のハムに許可されている周波数ごとにQSLカードを集める．

申請：スタンプのコピー＋700円．2回目以降追加申請は500円．

第1章 注目のアワード紹介

道の駅全都道府県部門

ルール：道の駅からの相手局移動，もしくは自局QRVによる交信を行い，47都道府県より各1枚QSLカードを得る．自局QRVには「全移動完成」の特記あり．事務局からのチェック・リストを持っていれば，リストの提出のみでOK．スタンプのコピーは提出不要．

申請：QSLカード・スタンプのコピー＋500円

道の駅県別パーフェクト賞

ルール：各都道府県ごとに，すべての「道の駅」と交信する．

申請：事務局発行のチェック・リスト＋500円

当部門は単独での申請はできない．申請前に「QRV部門」「全移動部門」「CW部門」いずれかのアワードを申請してリストを入手し，その中で申請しようとする都道府県が完成することで初めて申請できる．

全国道の駅パーフェクト賞

ルール：全国すべての「道の駅」と交信する．

申請：事務局発行のチェック・リスト＋500円

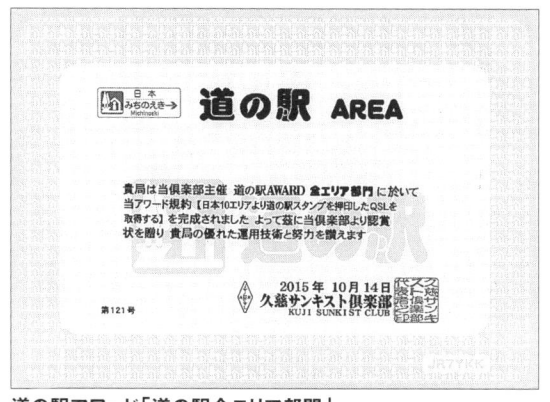

道の駅アワード「道の駅全エリア部門」

当部門は単独での申請はできない．申請前に「QRV部門」「全移動部門」「CW部門」いずれかのアワードを申請してリストを入手し，その中で全パーフェクトが完成されていて初めて申請できる．全パーフェクト・ポイントは，道の駅の数により変動する．事務局が発表するリストが基準になる．

注目のアワード 2　湯けむりアワード

2013年4月1日からスタートした，アマチュア無線クラブ グループ友が発行する「湯けむりアワード」は，国内に数多くある温泉地で移動運用を行う局との交信を対象としています．温泉好きの日本人には，ベストマッチのアワードです．リストに登録されている温泉地を見ると，国内にこれほどの温泉地があるのかと驚くことでしょう．

湯けむりアワードの楽しみ方

　湯けむりアワード向けのサービスを行っている局は，7MHzを中心に「湯の○○番」や「YU○○」と送信し，コンディションが良ければいつもパイルアップを受けています．温泉地から運用できるのは移動局だけとルールに定められているため，温泉地内に常置場所または設置場所がある局との交信は，残念ながら対象外です．

　温泉地移動局を見つけたら，とにかく交信しておきましょう．対象温泉地があまりに多いので，今その温泉地を逃したら，次にいつ運用されるかわかりません．最初は，温泉地の指定がない，遊湯友賞やがんばろう日本賞を目指すといいでしょう．

　また，温泉地からの移動局と交信するだけでなく，ぜひ温泉地へ出かけて運用してみてください．温泉地の定義は，温泉地を構成するエリアの

端，例えば看板，駐車場，倉庫などを起点として800m以内です．広い地域が対象なので，アンテナを設置するスペースは見つけやすいと思われます．対象となる温泉地は，山の中の温泉だけでなく，都市部の健康ランドも含まれています．お風呂で温まったあと，駐車場からモービル・ホイップを使って移動運用を行うのはいかがでしょう．ただし，長時間運用で迷惑を掛けないように．

温泉地で移動運用を行った局を対象としたアワードも設定されています．運用後に温泉に入ることが条件のユニークなルールもあり，無線も温泉も楽しめるFBなアワードです．

湯けむりアワード

地域収集

- 共通事項

発行者：アマチュア無線クラブ グループ友

目　的：温泉地のにぎわい創出とアマチュア無線の活性化を目的とする．

交信有効期間：2012年4月1日（リストBは2013年4月1日）以降

ルール：湯けむりアワード専用リストに掲載（または指定）した温泉地からの移動運用局と交信し，QSLカードを得る．

① 移動運用局との交信は温泉地リスト（湯けむりアワード専用）掲載の温泉地に限る．
② 移動運用地点は温泉地（温泉地を構成する構築物）より800m以内とする．
③ 移動運用地点から800m以内に複数温泉地がある場合，1か所の移動運用を終了した後，時間帯を変えて次の移動運用を行う．
④ 温泉地と運用地の行政区域が異なってもよい．
⑤ バンド，モードは各自免許範囲で自由とする．
⑥ 移動運用局は，湯ナンバーと温泉地名を送信する．電信の場合は「YU○○（番号）」とする．

注　意…移動運用局は，QSLカードに湯ナンバーと温泉地名を明記して発行する．リスト掲載の温泉地が廃止されていた場合は，跡地を温泉地とみなして運用可．

申　請：専用申請書と温泉地リストはWebサイトからダウンロードする．またはJM4TKE/JK4NDO/JL4LTFのjarl.comのアドレスへ件名「湯けむりアワード」と明記し，E-Mailで請求する．上記以外での提供は行っていない．

URL：http://www.mable.ne.jp/~kanacom/index.html

- 交信局向けアワード

名湯（めいとう）賞…温泉地リストA①の●印
灯湯（あかりゆ）賞…温泉地リストA②の●印
音湯（おとゆ）賞……温泉地リストA③の●印
扇湯（おうぎゆ）賞…温泉地リストA④の●印
智湯（ともゆ）賞……温泉地リストA⑤の●印
遊湯友（ゆうゆゆう）賞…47都道府県の完成を含め任意の100温泉地

がんばろう日本賞…青森県，岩手県，秋田県，宮城県，山形県および福島県内の任意の50温泉地
以上の各賞内はすべて異なる局で完成する．ただし，異なる賞の同一局の使用は可とする．

湯けむり500賞～2500賞…500温泉地を単位として賞を発行する．ほかの賞で申請した交信記録は不可，移動局重複は可．

湯けむりアワード賞…申請不要，移動局が対象．アクティビティーの高いサービス局をグループ友で選出し，賞状と粗品（数量限定）を発行・発送する．

申　請：専用申請書＋各賞500円（定額小為替）＋140円ぶんの切手

第1章　注目のアワード紹介

〒699-0102 島根県松江市東出雲町下意東1920-13
羽入団地3号棟342号室　津森 徹(JM4TBI)
・サービス移動局向けアワード(一部限定の対象あり)

次の各賞は，温泉地で移動運用を行った局へ発行するアワード．1移動で50局以上の交信でカウントする(局数指定のある賞を除く)．QSLカードの所持は問わない．さらに，2〜9999番の中から希望する発行ナンバーが受けられる(一部を除く)．「湯の花賞」，「湯めぐり○○○賞」，「源泉掛け流し賞」，「湯けむり達人賞」，「いで湯賞」は2012年4月1日以降の交信が有効．「○○○賞」，「湯けむりチャレンジ賞」，「湯あがり賞」は2013年1月1日以降の交信が有効．温泉地の重複カウント可(例「湯めぐり内風呂賞」で申請した10か所を「湯けむり達人賞」にも使用できる)．

湯の花賞…任意の温泉地で移動運用中にYL局5局と交信する(申請はYL5局でOK)．

湯めぐり○○○賞…次の表の条件を満たすように移動運用を行う(例　湯めぐり檜風呂賞)．温泉地が変われば同一日付でもOK．

パーフェクト	47都道府県のすべて．希望ナンバー不可
内風呂	任意の10か所
露天風呂	任意の30か所
貸切風呂	任意の50か所
檜風呂	任意の5か所(70歳以上が対象．70歳代移動が1回以上あればOK)
美肌の湯	任意の5か所(YL局のみ対象)

源泉掛け流し賞…任意の1か月(1日〜月末)で重複せずに10か所の移動運用を行う．温泉地が変われば同一日付でもOKとする．

湯けむり達人賞…重複なしで200か所の移動運用を行う．ただし，湯けむりアワードを3賞獲得後の申請が条件．希望ナンバー不可．

いで湯賞…開局5年未満または70歳以上が対象．任意の5か所で移動運用を行う．桧風呂賞と同一日時の温泉地をカウントしての申請は不可．

○○○賞…申請者が希望する名称で発行する世界で一つのアワード!! 毎年1〜3月の3か月間に，毎月1回以上の移動運用をして毎月100局以上と交信する．冬場の安全に配慮して，同一温泉地での完成もOKとする．複数回の合計で1か月で100局以上もOK．申請時は必ず10文字以内の希望名称を記載すること(例「風の子賞」，奥様の名前から「花子賞」など)．

湯けむりチャレンジ賞…任意の温泉地1か所1移動で同一バンド同一モードを使用して200局以上の交信をする(途中の休憩や日付をまたいでもOK)．運用時はレポートの後に001番からの連番を付けて送信する．この賞は1回限りのチャレンジ・アワード．希望ナンバー不可．

湯あがり賞…任意の5か所の温泉地で移動運用を行うとともに，本人または同伴者(奥さん，子供，友達など)が温泉を利用すること．備考に入浴者，温泉地など記載する．運用当日であれば運用温泉地と利用温泉地が異なってもOK．1日1カウントのみとする．

申　請：申請書＋各賞500円(定額小為替)＋140円ぶんの切手
〒699-1311 島根県雲南市木次町里方1100-14
藤原 智幸(JM4XJU)
サービス局用交信リストはWebサイトを参照．
問い合わせはE-MailでJJ4JFE 加藤あてに．
E-Mail…gu.01-J.F.E@softbank.ne.jp
できるだけ短文で送ってほしい(あいさつも省略する)．

アワード発行者からのメッセージ

　湯けむりアワードは，移動局との交信によって成立するアワードです．心配もある中でのスタートでしたが，たくさんの局長様のご理解ご協力により，みんなで楽しめるアワードとして育てていただき感謝申しあげます．今後も引き続き，多くの皆さんに参加いただけるようお手伝いいたします．

グループ友 代表 JJ4JFE 加藤 茂

湯けむりアワード「湯けむり賞」

注目のアワード 3
湖沼賞/PSCW

　JR3LCF 岸さんが発行する2種類のアワード，「湖沼賞」と「PSCW」は，ユニークなルールであることから，人気を集めています．どちらも移動運用を対象としていて，サービスする側も追いかける側も楽しめるアワードです．

　個人が発行するアワードとしてはどちらも大規模で，チャレンジ意欲がかきたてられます．

湖沼賞

　湖沼賞は，国内各地にある湖，池，沼，ダム湖周辺で運用する局との交信をテーマとしています．対象となる湖沼はリストアップされており，その数は1,700か所以上．日本を代表する大きな湖や観光地の湖，市民の憩いの場となっている池，地元の人にもあまり知られていない池まで，バラエティーに富んだラインアップがそろっています．

　交信した湖沼がどんなところなのかインターネットで調べてみると，楽しさがさらにアップすること間違いありません．

アワードの楽しみ方

　7MHzを中心に「LA-○番」というアナウンスを行っている移動局がいます．この局が，湖沼賞向けのサービスを行っている湖沼移動局です．

　湖沼移動局が運用できる地点には制限があります．ルールの補足には「池・沼・湖等の周辺で，QRV地点から約2～3分徒歩で移動すれば湖沼の水面やダムの堰堤が見える場所であること，湖沼のすぐそばなら言うことなし．ただし，公園等内の湖沼については公園等付属の駐車場も使用可とする」と書かれています．

　ここで言う「湖沼の水面やダムの堰堤が見える場所」は，アワードの趣旨からすると「水面や堰堤が遠く先に見えるのではなく，すぐ目前にある」という解釈になります．

　対象となる湖沼はとても多いので，車で1時間も走れば到着する湖沼がいくつもあると思います．湖沼移動局をコールするだけでなく，ぜひ移動する側でもアワードに参加してみてください．

第1章　注目のアワード紹介

湖沼賞

地域収集

発行者：JR3LCF　岸 雅弘
SWL：発行する
外国局：発行しない
申請者の移動制限：なし
交信有効期間：2012年9月30日以降
アワードのサイズ：A4
ルール：湖沼賞制定の全国の池，沼，湖，ダム湖周辺で運用するアマチュア無線局と交信しQSLカードを得る．または，湖沼賞制定の数多くの湖沼周辺より運用し，各湖沼1枚以上のQSLカードを得る．
湖沼アワード制定の湖沼はWebサイトを参照．
湖沼賞WAJA(HAJA)…47都道府県すべての湖沼移動局と交信(受信)する．
湖沼賞50…湖沼移動局50局と交信する．湖沼賞100，200，300…と100ごとにアワードを発行．
湖沼賞QRV 20…制定された20か所の湖沼周辺で運用する．QRV 50，100，150…と50か所ごとにアワードを発行．
湖沼賞1 DAY AJD…24時間以内に国内10エリアの湖沼移動局と交信する．
申　請：申請料無料(ただし郵送料は必要．アワードに郵便振替用紙を同封)．申請書類をE-Mail(jr3lcf@yahoo.co.jp)の添付ファイルで送る．申請書類はWebサイトからダウンロードできる．紙の申請書類が必要な場合は申請先にSASEで請求．紙の湖沼リストが必要な人はハガキで申請先に請求(要実費)．
郵送での申請は交信リストが手書きの場合のみ受け付ける．

〒586-0069 大阪府河内長野市石仏549
岸 雅弘(JR3LCF)
その他：同じ種類の賞は2賞まで，合計3賞まで同時に申請できる．申請はQSLカードが手元に集まってから行う．申請者の移動制限なし(QRV賞を除く)．湖沼移動局の運用地と湖沼の所在地は同じ市郡区内であること．湖沼移動局の運用地の市郡区，湖沼ナンバー，周波数(2バンドまで)のいずれかが異なれば同一局も異なる移動局とする．同じ湖沼から運用する異なる局との交信はそれぞれが有効．複数の市郡区(町村ではない)の記載がある湖沼は，それぞれの市郡区からの交信が有効．アワードの詳細はWebサイトを参照．
URL：http://outdoor.geocities.jp/jr3lcf/

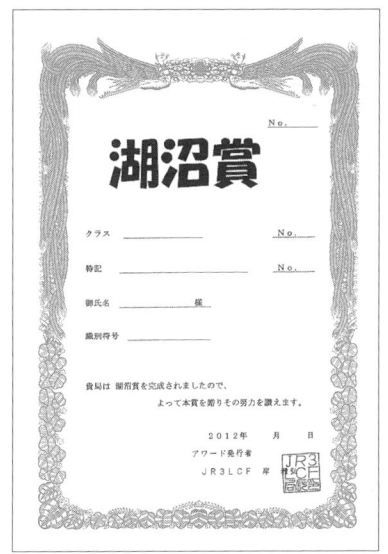
湖沼賞

PSCW

「3アマに50Wが免許され，1/2/3アマともに周波数を除いて等しい条件で移動運用ができます．7MHzでは圧倒的にSSBが多数を占めており，

モールス信号の利用は一部の局に限られるようです．アマチュア無線に残されているモールス符号を使ったCWの通信をしないのは実にもったいないことです．今までSSBしか利用したことのない人にCWのおもしろさをわかってほしいと思いこのアワードを企画しました」

PSCWのWebサイトには，このようにアワードの開設理由が書かれています．PSCWは，移動運用でCWを楽しむためのアワードです．ぜひサービスする側で参加してみてください．

PSCWの楽しみ方

数あるアワードの中でも，PSCWほど運用条件を絞っているアワードはほかにないでしょう．PSCWは高速道路や有料道路などのパーキング・エリア(PA)やサービス・エリア(SA)から運用する局と7MHzまたは10MHzのCWだけで交信し，その数を集めるというルールです．しかも，PA/SAから運用する局は，車体に取り付けられるアンテナを使用し，電源はバッテリだけ(発電機不可)という制限が設けられています．PA/SAは，あくまでも休憩施設であるため，一般の利用者に迷惑となる運用を行わないようにとの配慮からです．

使用できるアンテナは，現実的にはモービル・ホイップに限られます．アンテナに力不足を感じそうですが，モービル・ホイップでも十分パイルアップになるほどの実力があります．大きなアンテナを立てなくて済むので，ドライブの途中のお手軽な移動運用としても十分楽しめそうです．

PSCWでは，CW初心者にも参加してもらえるよう，遅いスピードのCWで運用することを推奨しています．ご協力ください．

PSCW

地域収集

発行者：JR3LCF　岸 雅弘
SWL：発行する
外国局：発行しない
申請者の移動制限：なし
アワードのサイズ：A4
ルール：7/10MHz CWで，日本国内の自動車専用道路のPA/SA/そのほかの展望駐車場などで運用するアマチュア無線局と交信し得点を得る．またはPA/SAなどの駐車場で自局が運用して交信する．PA/SAに隣接するぷらっとパーク，ウェルカム・ゲート駐車場については，徒歩や自転車で行けるところは運用不可．

PA/SAなどで運用する局のアンテナは車体に取り付けられたもので，電源はバッテリを使用すること．PA/SA運用局は移動地のJCC，JCGナンバーとPSナンバーを送ること．PSナンバーはWebサイトを参照．

得 点…SAとの交信 5点．PAとの交信 3点．そのほかの展望駐車場など 1点．同じPA，SAからでもコールサインが異なれば得点となる．同一局でも7MHz，10MHzそれぞれの交信が得点となる．ただし，同じ場所かつ同じ局と2バンドでQSOした場合は2バンド目の交信の得点は1点．日付が変わっても，同一場所かつ同じ局との交信は，7MHzと10MHzそれぞれで1回のみ有効．

PSCW 100…PA/SA移動局と交信し，合計100点以上を得る．以後PSCW 200，PSCW 300…を発行．100から順に申請する．1回の同時申請は2賞まで．

PSCW QRV 25…25か所のPA/SAなどの駐車場で運用する．以後50か所ごとにPSCW QRV 50，

第1章　注目のアワード紹介

PSCW QRV 100…を発行．25から順に申請する．同一場所は日付が異なっても1回の移動とする．上り線，下り線それぞれ各1回有効

申　請：申請料無料（ただし送料は必要．アワードに郵便振替用紙を同封）．申請書類をE-Mail（jr3lcf@yahoo.co.jp）の添付ファイルで送る．紙申請は受け付けない．申請書類はWebサイトからダウンロードできる．

その他：申請時にはQSLカードの取得は必要なし．カードがすべて手元に集まったら連絡する．そのとき正式アワード獲得となる．申請書類やハムログの追加ソフト「道の駅Get's」で使えるMCSVファイルがWebサイトからダウンロードできる．質問などは申請先まで．

URL：http://outdoor.geocities.jp/jr3lcf/pscw/pscw.htm

PSCW 300

1-2　長期にわたって取り組めるアワード

　アワードの中には，ゴールが果てしなく遠く，完全に達成することはほぼ不可能と思われるものもあります．しかし，だからこそやりがいがあり，少しでもゴールに近づくべく長い年月をかけて取り組む楽しさもあります．

　ここでは，長期にわたって取り組める，いわばライフワークにもなりえるアワードを，現在楽しんでいる方々に紹介していただきます．

長期にわたって取り組めるアワード 1
AJA（All Japan Award）

　AJAは二つ以上のアマチュアバンド以上を使用して，多くの市郡区と交信するアワードです．対象となるバンドはすべてのアマチュアバンドですから，長波帯からマイクロ波帯，さらに衛星通信が別バンドにカウントされるので，合計24バンドです．現存する市郡区数だけでも1,368（813市，380郡，175区）あるので，これを掛け合わせると32,832ポイントになります．さらに消滅市郡区もカウントできることから，最終的なゴールは，一概には表せません．AJAのポイント・ランキングはJARLから発表されていて，トップのスコアは30,590ポイント（2015年10月1日現在）．尋常とは思えないハイスコアです．

　アワードのゴールが果てしないだけに，その魅力の大きさを感じる人も多いのでしょう．ここでは，JG8QXB 山田 昭子さんにAJAの魅力を伝えてもらいます．

AJAを目指そうと思ったきっかけ

　日本中の市区町村と交信したいと思い，それを形にできるのがAJAでした．

　3エリアの局長さん2人が日本中から電波を出してAJAを達成したことを聞き，移動運用ならVHF帯以上でも日本中の局とも交信できると考えました．この移動運用は，ハムログの未交信地域一覧に1.9MHzと3.5MHzでの北海道内局が多かったことから「じゃあサービスに回ろうか…」が発展して，バンドは上が10GHz，移動地は全国になってしまいました．

●このアワードの楽しさはどこにありますか？

　届いたステッカーを1枚ずつ貼るのがうれしいです．今では貼るところがなくなるほどになってしまいました．アワードを見るたびに達成感がありますし，移動したそれぞれの地方の風景など思い出します．

　これは私の場合ですが，AJAがなかったら全国の市郡区への旅など絶対になかったと思います．

AJAの魅力

　AJAに限らず，大きいアワードは一朝一夕にしてできるものではないので，長くハムを楽しめることではないでしょうか．日本アマチュア無線機器工業会が発行する「JCA(JAIA Club Award)」もそうですが，ランキング・リストが発表されるので自分の立ち位置もわかり，励みとなり結果として長くハムを楽しみながら続けられると思います．また，ランキング・リストを見てライバルとしている方に負けたことがわかるのも楽しいものです(彼もヤルナーとか追いつくゾーとか)．

　このようなアワードではデータの管理が大切です．そのため，今まであまり関係なかったエクセルの勉強も…．頭の体操になりました．

●スコアアップのポイント

　現在のAJAのスコアは22,548ポイント(ステッカーは22,500)です．スコアアップのポイントは，国内各地を回ってHF〜GHz帯までの移動運用を行うことです．CWはもちろんサテライトの運用も行います．私は，春と秋に1回30〜45日間かけて移動運用を行いました．今回は四国方面，次回は九州方面というように，テーマを決めて各地を訪れました．

　これ以上のスコアアップは，私としては限界です．3アマなので10/14MHzには出られませんし，年齢的にも上級ハムは困難．長波もありますが，私には無線機やアンテナなどが困難すぎます．

やってみて初めてわかった難しさ

　一口に移動運用に行くと言っても，そう簡単なことではありません．用意した車を移動用に改造し，車中泊ができるようにもしました．もちろん私1人では無理なので，同じようにAJAを目指して移動運用を一緒に回ってくださった方のサポートのおかげです．

　無線機も「故障したら帰ります」とはいかないので，2セット用意しました．しかしある時，アンテナ・チューナが故障し一大事でした．分解したらロータリ・スイッチが壊れていたのです．このときは，ロータリ・スイッチを分解してウェハーを組み直して復旧．こんなこともあるんですね．

　私のアンテナは，11mの伸縮ポールの上に10mの釣り竿を付けた20m高の1.9MHzのフルサイズ・アンテナです(ベントはありますが，エレメントは全長37m)．ある日，運用を終わり撤収しようとし

たとき，雨と風が出てきました．風が吹くとポール全体が弓なりになって縮まないのです．しばらくようすを見ましたが，回復の兆しはありません．意を決してアンテナ線を引っ張ってまっすぐにして縮めることに．でも風って一定方向でないんですね．何度も挑戦してやっとの思いで縮めることに成功．このときはさすがにビショビショに．熟年以上がそれでも移動運用するのは…．

移動運用の思い出

各地でいろいろな方とのアイボールができたことが楽しい思い出です．同じように車で各地を回っている方とは，お互いの車内を見せ合って，それぞれ工夫した点などのお話が尽きません．関東で430MHzの移動運用を行ったときは，良いポイントを教えていただいたり，わざわざアイボールに来ていただいたり．筑波山移動では，ドライブに連れて行っていただいたほか温泉にも連れて行ってくださいました．静岡県御前崎で運用していたとき，富士山五合目で移動運用をしていた局がアイボールに来てくれたこともありました．

沖縄移動では，自分の身長よりも大きな釣り竿アンテナを運ぶ姿に，回りからはおかしな姿に映ったかもしれません．北海道から飛行機を乗り継いで到着した沖縄は，11月でも気温は暖かく夜もなかなか暗くなりません．北海道と比べると特にそう感じるのかもしれませんが，沖縄本島や石垣島などから，ゆっくり腰を据えて思う存分運用できました．

AJAへ挑戦する方へのアドバイス

アワードとは直接関係ありませんが，移動運用をされる場合には無線従事者免許証と無線局免許状は必携です．警察官の職務質問が結構あるからです．

ある日，警察官2名が来て「無線ですね」と言ったんですが，同行の方が「ご苦労さんです，今忙しいのでこれ見ておいてください」と言い，免許関連の分厚いファイルをドサッと渡し，平然と電鍵を叩いていました．数分後，警察官は「帰り道は気をつけて」と言って帰っていきましたが，私は何があったかわからず，陰で震えていました．

アワードを追う人にとって必要なものがQTHだったりテールレターだったりしますが，自分にとって必要な信号は絶対に離れず交信することが大切です．次はいつ聞こえるかわからないので．

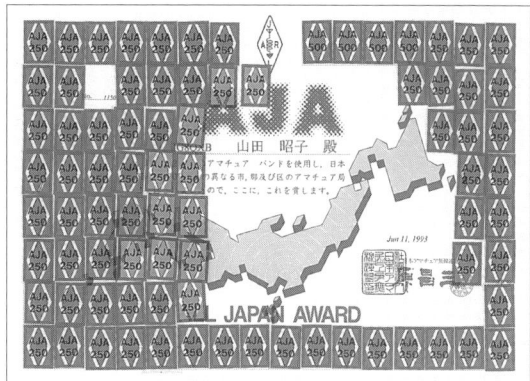

JA8QXB 山田さんの「AJA 22500」

AJA（All Japan Award）　　地域収集

発行：日本アマチュア無線連盟（JARL）
ルール：2以上のアマチュアバンドを使用して，日本国内の異なる市，郡および区のアマチュア局と交信し，異なる1,000局以上の局からQSLカードを得る．1,000局を超える場合は，その局数に応じてステッカーが発行される（3,000までは500局単位，3,000以上は250局単位）．
行政区との交信…政令指定都市として分区される以前の交信は市としてポイントを計上できる．分区以降は区としてのポイントとなる．
そのほかの詳細は，p.62を参照．

このあたりは，昔仕事で経験した目標管理が今になってたいへん役に立ちました．

どのように目標のアワードに到達するか，そのためどのような運用をすべきか，個々それぞれ方法は違うと思いますが，単純に聞こえたら交信するのとでは効率が大きく異なると思います．手紙，E-Mail，電話などで交信を依頼している方もいらっしゃるとうかがっていますが，これはアワードのためとは言いながら，行き過ぎな行為ではないかと私は思っています． (de JG8QXB)

長期にわたって取り組めるアワード 2 JAIAクラブアワード（JCA）

日本アマチュア無線機器工業会（JAIA）から，世界中のアマチュア局から異なるサフィックスを集めるアワード「JAIAクラブアワード（JCA）」が発行されています．集めるサフィックスは1～3文字が対象です．対象となるサフィックスは18,278個もあるうえに，国内では発給されていない「QRA～QTZ」「OSO」「SOS」「TTT」「XXX」も含みますから，コンプリートは至難の業でしょう．

ここでは，JCAアワードの魅力をJR3KQJ 中島昌己さんに伝えていただきます．

JCAとの出会いと初回申請

JCAを知ったのは，1997年のJARL山口総会に向かう知人の車中のことです．数日前に購入したモービル・ハム誌にJCA開始の記事があり，しばらく目が離せませんでした．JCAは，すべてのサフィックスとQSOするという壮大なルールで一生かけて楽しめる内容です．交信年月日制限があって一からやり直しですが，AJAアワードが15,000を超えて飽和状態だったので，次の目標として定めました．

異なる1,000局と交信しても同じサフィックスの局は数局なので，正味1,010枚の早期コンファームを目標にしました．1997年7月15日以降の交信が有効で，7MHzの移動サービスやコンテストで運用し，11月ぶんのカードで申請しました．

密かにNo.1を狙っていましたが，多くのQSLカードをダイレクトで入手した方に敵いませんでした．

ポイントアップの秘訣

最初はコンファーム数に比例して面白いように増加するので，コンテストと移動運用，ショートQSOで積み上げます．その後は重複交信や本来ならば珍しいはずの同一サフィックス局とのダブリが増えるので，新局を求めて今まで出ていなかったバンド，モードの運用を精力的に行いました．

29MHz FMのオープン期間は短いですが，交信できたら新局が多いので，夏場は集中的に運用しています．V/UHF FMの入門バンドは山岳移動やコンテストで新局を探し，内蔵ホイップやGPで開局した局のQSLカードを，JARL在会中にいかにしてゲットするかがポイントです．

JCCや町村は限りがあるので，ある程度進んだらワッチやスケジュール主体となりますが，JCAは世界中の局と交信し尽くすしかありません．

JCAの整理とカード回収

私はいまだにAROSというDOS用ロギング・ソフトを愛用していますが，ほかにはない多彩な機能が組み込まれていて手放せません．3文字のコンファーム済みサフィックスだけのログ帳を作成して，新局を瞬時検索してコールするタイミングを逃さないようにしています．申請書作成と整

第1章　注目のアワード紹介

理は膨大な労力を要しますが，HLJCAW（JAIA Clubアワード申請用ソフト，JO2HPO鈴村さん作[1-1]）を使用して省力化を図っています．

JCA開始以降にQSOしたイニシャル局数は4万局近くになりますが，もう少しでリタイアなのでログを見直して取りこぼしカードの回収に努めたいです．QSO Bankの照合済みデータは，いつでも取り出せると思って油断していましたが，東日本大震災でサービスが停止してしまったのが痛いです．eQSLはDX局にしかデータを送っていませんが，今後は国内局にも送ろうと思っています．

JR3KQJ 中島さんの「JCA 13000」

JAIAクラブアワード（JCA）　　　　　　　　　　　　　　　　　　　　　　　　　　　コールサイン

発行者：日本アマチュア無線機器工業会（JAIA）
SWL：発行する
外国局：発行する
交信有効期間：1997年7月15日以降
交信対象：全世界のアマチュア無線局
ルール：異なるサフィックスの局1,000局と交信し，QSLカードを得る．
サフィックス3文字までの局が有効で最終的に合計18,278局との交信を目標とする．
サフィックスの例…8J97XPO→XPO，JS9XYZ/1→XYZ，VE7QRT/MM→QRT，DL1ABC/SV/A→ABC，KH2/JD1CBA→CBA，DL/G3ZRM/P→ZRM．そのほか例外的なコールサインはJAIAのWebサイトを参照．
レピータやデジピータなどの中継装置を使った交信は無効．ただし，サテライトを使ったダイレクト通信は有効．
特記：なし
途中で申請者のコールサインが変更になっても，引き続き参加可能．オペレーターが明記されていれば，社団局での運用やゲストオペの運用で得たQSLカードも有効．申請者が免許人であれば，海外局のコールサインで得たQSLカードも有効．複数コールサインで得たQSLカードで申請する場合，アワードに記載するコールサインを指定すること．
賞状：基本アワード…1,000ポイントで基本アワードを発行．基本アワードには発行ナンバーを付与する．エンドーズメント（追加申請）…1,000ポイントの基本アワードを受領後，500ポイント追加ごとにアワードに貼り付けるステッカーを発行（18,000ポイントまで）．ステッカーには発行ナンバーを付与しない．5,000ポイントでJCAブロンズ・メンバーに認定．10,000ポイントでJCAシルバー・メンバーに認定．15,000ポイントでJCAゴールド・メンバーに認定．それぞれの対象者は，申請に使用したQSLカード・リストよりランダムにピックアップした，JAIAから指定する10局程度ぶんのQSLカードを，事前に提出する．
18,200ポイントで名誉会員として表彰．表彰状（パーフェクト・アワード）を発行し，以後は10ポイントごとに18270ポイントまで，パーフェクト・アワードに貼るステッカーを発行．18,278ポイントで特別名誉会員として特別表彰．表彰状（全局達成特別アワード）を発行．
表彰：サフィックスQRA～QTZの合計78局との交信が非常に難しいため，18,200局との交信でJCA名誉会員として表彰．対象者は，指定する100局程度分のQSLカードの事前提出が求められる．18,278ポイント（全局）達成者には，JCA特別名誉会員として特別表彰する．対象者は，サフィックスQRAからQTZまでの全78局分のQSLカードの事前提出が求められる．
申請：申請料は無料．QSLカードの提出ならびに所持証明は不要．
紙申請…申請先まで申請書類（サマリーシートとログシート合わせて60ページ）を，SASE（A4サイズが入る返信用封筒＋250円切手）で請求する．その際，「紙申請」と明記のこと．
データ申請…ログシート（データ・ファイル）は，「エクセル97」用ファイル．
申請先：〒170-0002　東京都豊島区巣鴨1-10-5　第2川端ビル2F　日本アマチュア無線機器工業会（JAIA）事務局JCA係
TEL…03-3944-8611　　FAX…03-3946-1186
URL：http://www.jaia.or.jp

※1-1 http://homepage1.nifty.com/jo2hpo/index.html

今後の取り組み

　V/UHFで全国移動をしたらまだ増やせると思いますが，アワードは兵庫県内からの運用にこだわっています．ヨーロッパや北米のビギナーSSB局を丹念に拾ったら良いのですが，語学力不足と周囲を仰角10～20度の山に囲まれているのがネックです．トップレターZ局は貴重で，Jクラスタをワッチして年一度運用されるようなクラブ局は逃さないようにします．JCAのハイスコア局の話では，QSLカードに記載された所属クラブや家族局にスケジュールを申し込むとのことでした．

　2015年8月は，各種コンテストやEスポで1,523交信していますが，正味局数は1,014局，JCA開始以降の新局は170局，新JCAはたった37局しかなくQSO数の2.4％，QSLカードのコンファーム数はさらに目減りします．

　このような状態なので13,000ポイントを超えて次の500ポイント・ステッカーを得るのに3年ほど要しています．今後は益々飽和領域に近づいてペースが落ちますが，ライフワークとしてSKするまで取り組みたいと思っています．

　　　　　　　　　　　　　　(de JR3KQJ)

長期にわたって取り組めるアワード3
WASA HF (Worked All Squares Award HF)

　JARLから，世界中のグリッド・ロケーターを集め，その数を称えるアワード「WASA (Worked All Squares Award)」が発行されています．このWASAには，HFを対象としたWASA-HFと50MHz以上を対象としたWASA-V・U・SHFの2種類がありますが，ここではWASA-HFの魅力をJR1EMO 松井 秀男さんにご紹介いただきます．

WASAを目指すようになったきっかけ

　WASAに目を向けるようになったきっかけは，Turbo HAMLOGにグリッド・ロケーター(以下，GL)を入力し始めたことでした．

　当初は国内局だけだったので，GLの数はなかなか増えませんでした．現在では海外交信を増やし，交信中にQRZ.comにアクセスして相手局の名前やQTHなどのデータとともにGLをチェックすると，意外にも一つの国でもずいぶん多くのGLがあることがわかります．そして，QSLカードや電子QSLを受け取ったときに，どんどんGLが増えていくのが楽しみです．

WASAのスコアを上げるためには

　WASAをカウントしていくと，ある程度まで順調に伸びますが，どうしても壁がでてきます．2年かけて，アンテナの整備や通信ソフトとハード環境の整備，上級資格へのチャレンジへと進み，環境を整えて，積極的にコンテストに出たり，今まであまり出なかったバンド(例えばWARCバンド)やモード(RTTY，PSK，JT65といったデジタルモード)に出たりするようにしたところ，今では年間8,000～10,000局と交信を重ねています．

　WASAを目標にしたことによって，スパイラル的にどんどんハムライフが充実してきたことを感じているところです．

海外局との交信がポイント

　このアワードのポイントは，海外局との交信でしょう．国内局だけではGLの数が限られていますので，どうしても国外に目が行くことになります．しかし，言葉の問題やCWは苦手という人も

第1章　注目のアワード紹介

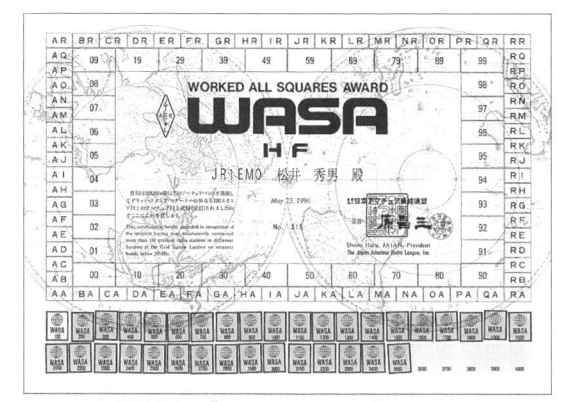

JR1EMO 松井さんの「WASA-HF 3500」

WASA-HF　　　地域収集

発行者：日本アマチュア無線連盟（JARL）
ルール：28MHz帯以下のアマチュアバンド（3.8MHz帯は3.5MHz帯に含まれる）のすべてもしくはいずれかを使用して，異なるスクエアのアマチュア局と交信し，異なる100局以上からQSLカードを各1枚得る．同一スクエアであっても，バンドが異なればそれぞれカウントできる．100局を超える場合100局ごとにステッカーが発行される．
そのほかの詳細は，p.68を参照．

多いのではないでしょうか．

　人によってアプローチは異なると思いますが，私の場合はデジタルモードに目を向けて運用を始めたのがきっかけで，海外局との交信数も増えました．2か月に1回，QSLカードが箱で届くのを楽しみに待っています．

　GL数のチェックは，Turbo HAMLOGの「表示」→「Wkd/Cfm一覧表示」→「GL,4」→「Wkd/Cfm地域一覧」で簡単にチェックできます．もちろん，Turbo HAMLOGの交信データに併せてGLのデータも入力しておくことが必要ですが．

ぜひ挑戦してみてください

　WASAは，目標として目指すには奥の深いアワードだと思っています．私もまだ3,500のステッカーをもらったばかりですが，急速に増えてきているので近々に4,250を申請の予定です．目標の10,000にはまだまだ足りませんが…．

　デジタルモードだけでもGLは集められますから，ぜひ皆さんも挑戦してみてください．

（de JR1EMO）

コラム1　グリッド・ロケーターとは

　グリッド・ロケーター（グリッド・スクエア・ロケーター）は，地球上を緯度・経度で四角く区切り，その場所を6桁の英数字で表示したものです．「フィールド」，「スクエア」および「サブスクエア」で構成され，例えば「PM95UR」と記載されている場合，「PM（フィールド），95（スクエア），UR（サブスクエア）」となります．これらの区分は次のようになります．
フィールド…世界を緯度10度，経度20度で「18×18＝324」の地域に分割．
スクエア…一つのフィールドを緯度1度，経度2度で「10×10＝100」の地域に分割．
サブスクエア…一つのスクエアを緯度2.5分，経度5分で「24×24＝576」の地域に分割．
　この三つをすべて掛けると，世界中が18,662,400個のサブスクエアに分割できます．WASAアワードでは，このうちスクエアまでを対象とするので，世界32,400地域が対象です．
参考URL：http://www.jarl.org/Japanese/1_Tanoshimo/1-2_Award/gl.htm
- グリッド・ロケーターの算出
　グリッド・ロケーターは，目的とする位置の緯度経度を計算式に当てはめると算出できます．計算式は参考URLを参照．
　そのほか，インターネット上の地図の位置からグリッド・ロケーターを表示するサイトやグリッド・ロケーターを入力するとその位置を地図上で示してくれるWebサイトがあります．「Magikal X Network」ではこれらのすべてを行えるので，このサイトの利用が便利です．
URL：http://knd.sakura.ne.jp/mxn/tools/gl/gl/index.html

長期にわたって取り組めるアワード 4
一万局よみうりアワード

国内アワードの最高峰と呼ばれるのが，読売新聞社が発行する「一万局よみうりアワード」です．「全日本一万局よみうりアワード」と「世界一万局よみうりアワード」の2種類があり，アワードハンターなら誰もが憧れる，究極のアワードです．

どちらも単に10,000局と交信すればいいというものではなく，決められたテーマに沿った交信が求められます．それゆえ，難易度が上がり完成したときのステイタスも高くなります．

この一万局よみうりアワードの全日本と世界の両部門を達成したJH1IED 須藤 悦郎さんに，このアワードの解説をしていただきます．

一万局よみうりアワードとは

アマチュア無線を始めて，アワードに興味を持たれた局は，「一万局よみうりアワード」の名は聞いたことがあると思います．このアワードは，読売新聞社が発行しており「世界一万局よみうりアワード」と「全日本一万局よみうりアワード」の二つが用意されています．世界あるいは日本国内のアマチュア無線局とそれぞれ異なる一万局と交(受)信し，QSLカードを得たときに贈られるアワードです．

発行者からうかがった「よみうりアワード」制定時の趣旨は，次のとおりです．

「居ながらにして人種，国境，思想を超えて人間同士のキズナを結ぶアマチュア無線は，単なる趣味の域にとどまることなく，地球上各地のハム仲間とコミュニケーションを深めるほか，青少年への科学志向の普及，衛星通信やデジタル通信など高度な通信技術の発展の大きな原動力になっています．

一方，遭難時や非常災害時には，人命救助や貴重な情報伝達機関として，社会生活にも著しい貢献をみせています．

読売新聞社では，アマチュア無線が果たす役割と使命に敬意を表し，アマチュア無線の健全な発展に寄与するため，郵政省(現在は総務省)，社団法人日本アマチュア無線連盟(現在は一般社団法人日本アマチュア無線連盟)などの協力のもと，さる昭和44年(1969年)1月1日『世界一万局よみうりアワード(賞)』と『全日本一万局よみうりアワード(賞)』を制定した．」

よみうりアワード規定書の前文と一部重複しますが，この趣旨からもわかるように，アマチュア無線を高く評価してくれており，発行を開始してまもなく半世紀を迎えようとしているたいへん権威のある最高峰のアワードです．

アワード発行者の本来の姿である「アワード申請手数料を無料」としていることも，アワードの権威を高めていると思います．

このアワードは，これまでに世界部門で84人，全日本部門は420人の方が受賞されています(2015年10月現在)．

「一万局よみうりアワード」は，筆者がアマチュア無線局を開局してから1年後に発行を開始しましたが，このアワードに興味を持ったのは，交信局数が多くなってからのことです．それ以来，30年余りかけて2002年に「世界一万局よみうりアワード」，2012年に「全日本一万局よみうりアワード」に合格することができ，2004年と2013年にそれぞれ読売新聞東京本社で表彰される栄誉に浴することができました．

第1章　注目のアワード紹介

よみうりアワードのルールの解説

　よみうりアワードのルールは，「よみうりアワード規定書」と「よみうりアワード規定書補足」の二つで構成されています．補足には，申請書の記入方法を含めて詳細に記載されていますので，申請する際は熟読してください．参考までに「よみうりアワード規定書，規定書補足（抜粋）」を最後に掲載します．

　さて，ひと口に異なる一万局と言っても，アワードの申請にはいろいろな条件がありますから，規定書のわかりづらい点をここで解説していきます．

● 申請の段階

　アワード申請は，4段階に分けて順次申請していきます．まず，C証の2,500局，B証の5,000局，A証の7,500局と異なる2,500局ごとに追加申請をしていき，そして最終的に10,000局になったときに，アワードを申請することになります．これには特例規定があり，C証の申請時点で10,000局あれば，直ちにアワードを申請することも可能です．

● 交信相手局と特記

　世界部門では，交信無効の国と期間が明記されていますので（**表1-1**），対象国のQSLカードを使用する場合は注意してください．現在は，北朝鮮がその対象になっています．全日本部門では，一つのエリアの交（受）信局数は500局以上1,500局以下と規定されています．

　特記事項は可能ですが，C証申請時の特記事項

表1-1　交信無効の国および期間

国 名	1953年4月9日～1958年12月5日	1958年12月6日～1962年1月5日	1962年1月6日～1979年1月28日	1979年1月29日～2002年8月15日	2002年8月16日～
カンボジア※1	無効	無効	無効	無効	
ベトナム※2	無効	無効		無効	
インドネシア	無効	無効	無効		
ラオス	無効	無効	無効		
タイ	無効	無効	無効		
イラン	無効	無効			
韓国	無効	無効			
オーストリア	無効	無効			
ルーマニア	無効				
ヨルダン			無効		
イラク				無効	
リビア				無効	
パキスタン				無効	
ソマリア				無効	
トルコ				無効	
南イエメン				無効	
ザイール				無効	
北朝鮮					無効

※1 XU1AAを除く．　※2 XV5AA～AC, XV5AE, XV5DAを除く．

は，アワード申請時まで追加，変更できないので十分注意してください．ただし，世界部門のオールゾーンは追加が可能です．

- テーマ局

世界，全日本部門それぞれに，決められた条件を達成するテーマ局の規定があります．

世界部門は，アワード申請時の一万局の中に，六大州と南極，ARRL制定エンティティー（規定書ではカントリー）から200エンティティー以上，そしてITUゾーンを70ゾーン以上含むことが必要です．

全日本部門は，アワード申請時の一万局の中に，シングルバンドWAJAを12組含むことが必要です．ただし，WAJAの数は1バンド4組までと制限されています．したがって，全日本部門にはシングルバンドの特記がありません．

アワード申請は，個人で世界部門および全日本部門それぞれ1回の計2回しかできません．

よみうりアワードの質問事項

参考までに，筆者がアワード申請前に事務局あてに質問した事項および回答を記載します．アワードマネージャーには，たいへん親切な対応をしていただきました．

- 世界一万局よみうりアワードへの質問事項

質問1） 日本の局があるエンティティーから運用した場合，この局は海外局として数えて良いか（例えば W6/JH1IED etc）．

回答1） 認めます．

質問2） 前記を認める場合，これらの局が同じ国のほかのエンティティーで運用した場合，この局を異なる局として数えて良いか（例えば KH6/JH1IED etc）．

回答2） 認めません．

質問3） ある国の局がその国に属する別のエンティティーで運用する場合，異なる局として数えて良いか（例えば KH6/W6○×△ etc）．

回答3） 認めません．

質問4） ここで質問1）を認める場合，その局がほかの国で運用した場合，異なる局として数えて良いか（例えば FK/JH1IED etc）．

回答4） 認めません．

質問5） 交信相手は「世界のアマチュア局」となっているが，当然，日本国内のアマチュア局を含めないと理解して良いか．

回答5） 日本は含みます．交信局一覧表に記載できる局は，ARRLカントリー一覧表とITUゾーン一覧表に記載した日本本土，小笠原，南鳥島，南極で各1局だけです．つまり最大4局まで交信局一覧表に記入できます．

質問6） ITU全ゾーンの特記を付けて申請する場合，ITUゾーン45は日本だけなので日本のアマチュア局をテーマ局として記載して申請して良いか．

回答6） 日本の局を記載してください．テーマ局は，交信局に含まれますので交信局一覧表に記載してください．

質問7） NH2○×△が上級免許を取得してAH2○×△にコールサインが変わった場合，同一免許人だが異なる局と考えて良いか．

回答7） 異なる局の認識をとります．

- 全日本一万局よみうりアワードへの質問事項

質問1） 例えば，9エリアでほかのエリアの局が移動運用を行った場合は，9エリアの局として数えて良いか．

回答1） 9エリアの局としてカウントします．交信局一覧表は9エリアの末尾に続けて記入してくだ

さい．

質問2） 前項の他エリア局の運用局を認める場合，500局のうち何%程度認めるか．

回答2） 他エリアから移動して運用した移動局の局数の割合に関する規定はありません．

質問3） あるエリアの局が，その局が属するエリアで移動運用した場合は，認められると思うが，何%程度認めるか．

回答3） 交信局一覧表に記載する移動局の割合に関する規定はありません．海上移動局以外の局なら交信局として数えます．

質問4） WARCバンド（10MHz，18MHz，24MHz帯）での交信局も数えて良いか．

回答4） WARCバンドもアマチュアバンドであり，QSLカードがあれば交信局として数えます．

質問5） 前項を認める場合，テーマであるWAJAの異なるバンドの一つに数えて良いか．

回答5） WARCバンドもテーマ局として使用できます．

質問6） JH1IEDとJS9○×△が，同一免許人（オペレーター）の場合でも，異なる局と考えて良いか．

回答6） 異なる局と考えます．

- 具体的な申請書の書き方についての質問事項

質問1） 申請は，貴社指定の用紙に書式を合わせればプリンタによる印刷でも良いか．

質問2） 前項を認めない場合は，貴社指定の用紙を使用してプリンタにより印刷したものであれば認めるか．

回答1・2） 申請に使用する用紙は，よみうりアワード事務局の用意した専用の用紙をお使いください．専用の用紙をプリントアウトしたものでも受け付けます．パソコンでプリントアウトした用紙を使用する場合は，専用の用紙と同一の書式をお使いください．過去の申請のうち，アワード未達成者（予備証取得者）の申請書類はすべて保存しています．そのため，特に申請書類のサイズが異なりますと，収納に支障を生じます．

質問3） 予備の局を記載して良いか，またそれは何局程度を推奨するか．

回答3） 各賞に50局程度．

質問4） 一万局を1回で申請して良いか．

回答4） 良いです．特例申請が認められます．

質問5） 特例申請（1回で本賞申請）する場合，エリアごとに交信局リストを新しい用紙にして良いか．

回答5） 規定書補足 9.D.(ロ)の規定により，交信局一覧表には625局ずつ記入します．特例での申請でもエリアごとに改ページすることにはなりません．

アワード取得のポイント

筆者がこのアワードを取得したときの経験から取得のポイントをお話しします．

申請を希望する局は，まず，読売新聞社アワード事務局あて申請書類の請求をお勧めします．請求する際は，部門を明記し書類郵送料ぶんの切手に不足がないよう十分注意してください．

- 世界一万局よみうりアワード

世界部門のテーマ局は，DXCCエンティティー，ITUゾーンおよび六大州・南極となっています．この中でDXCCの200エンティティーと六大州・南極の7交信は，比較的楽にクリアできました．しかしITUゾーンが手強く，結局ITUの75ゾーン中，24と71ゾーンは未交信で申請しました．

ITUゾーンは，ロシアの北極地域に属する20〜26ゾーンおよび南極地域に属する67〜73ゾーンの交信がカギになると思います．IARU HFチャ

ピオンシップ・コンテストではITUゾーンが，ロシアDXコンテストではオブラスト・コードがそれぞれコンテスト・ナンバーになるのでたいへん参考になります．また，ロシア北極地域の島々へ実施されるIOTAペディションにも注目してください．結構レアなITUゾーンがゲットできます．

世界部門には，エンティティーによる交信局数制限はありませんから，アメリカやロシアなど交信しやすく局数の多いエンティティーのアマチュア無線局といかに多く交信し，QSLカードを回収するかがカギになります．

コンテスト交信は，QSLカードの回収率が低くなりますが，積極的に参加し，局数を伸ばすのも，一つの方法です．筆者もコンテストに積極的に参加し，CQを連呼した記憶があります．

● 全日本一万局よみうりアワード

全日本部門では，局数の少ない5/9/0エリアとの交信局数が伸びず，たいへん苦労しました．これは受賞された各局も同じ意見だと思いますが，特に9エリアの局との交信がカギになると思います．

また，テーマ局一覧表には，交信局の住所を記載する必要がありますので，常置局，固定局との交信が良いと思います．

取得にあたっての苦労した点

● 世界部門の苦労点

世界部門で一番苦労したのは，交信局数の把握です．パソコンの電子ログで管理していれば簡単にできたところでしょうが，紙ログだったので大変でした．当局はQSLカードをバンドごとに整理していたので，これをアワード申請のためにエンティティー順に並び替えしましたが，ダブリが多いのにはガッカリしました．この時点でテーマ局のDXCCエンティティー，ITUゾーン数はクリアしていたので，あとは局数だけでした．

以後，一万枚近くあるQSLカードの枚数管理は原始的ですが，QSLカードの厚さをメジャーで計測して枚数を把握しました（この方法も結構FBでしたヨ，hi）．

アワード申請時点で所持していたDX局からのQSLカードは，約14,000枚でした．参考までに世界部門10,000局の内訳ですが，筆者は10mバンドが好きでよくQRVしていたので，約7,000局はこのバンドでの交信でした．エンティティーで多かったのは，やっぱりアメリカで約3,000局でした．

● 全日本部門の苦労点

全日本部門で苦労した点は，なんと言っても9エリア局との交信です．筆者が全日本部門を本格的に目指したのは2000年ごろからでしたが，このころからJARL会員数が減少し始めていましたので9エリア局との交信には苦労しました．10年間ほど毎年JA9コンテストは必ずワッチし，初交信局を探して交信局数を延ばすことに精を出しました．申請前5年くらいは，9エリアの初交信局が，年間10～20局程度しか増えず，SASEでQSLカードを請求することもしました．筆者は申請に際して他エリアからの移動局は使用しないと自分で決めたため，9エリア局が500局以上になった時点でやっと申請にこぎつけました．

アワード申請時点で所持していた国内局からのQSLカードは，約25,000枚でした．参考までに全日本部門10,000局の内訳ですが，1エリアが1,500局，2エリアが950局，3エリアが1,144局，4エリアが1,047局，5エリアが580局，6エリアが1,478局，7エリアが1,202局，8エリアが1,011局，9エリアが

503局，0エリアが596局でした．1/2/3エリアは，局数を調整するため固定局・常置局としました．

また，テーマ局のWAJAは，3.5MHzが3組，7MHzが4組，14MHzが1組，28MHzが4組でした．WAJA数の構成は，各局とも好みのバンドがあり，個性が出ると思います．

筆者のよみうりアワード取得履歴は，次のとおりです．世界・全日本両賞とも特例申請で取得しました．

よみうりアワード取得履歴
世界一万局よみうりアワード
2002年11月12日　申請
2003年1月20日　合格 世界第63号
2004年12月3日　表彰式(全エリア合同)
全日本一万局よみうりアワード
2012年2月26日　申請
2012年6月11日　合格 全日本第410号
2013年9月18日　表彰状伝達式(1エリアのみ)

一万局よみうりアワードに挑戦してください

筆者は，申請にあたり両部門とも申請書などを手書きしました．たいへん根気のいる作業でしたが，QSLカードを1枚1枚めくっていくと交信が思い出される懐かしいカードやサイレント・キーとなった局のカードなど，思い出にふけることもありました．

2013年の表彰式は，2004年以来とのことで，筆者は合格して比較的早く表彰していただきましたが，9年間ほど表彰式まで待った方もおり，この間にサイレント・キーとなられた方もいると聞いています．

このアワードに合格すると，表彰式で一万局交信の証明証楯，賞状，副賞そして総務大臣から賞状もいただくことができます．

よみうりアワードは，短期間で完成するアワードではありません．アワードを取得するには，家族や周囲の人々などの理解を得ながら，好きなアマチュア無線を継続して続けることが必要となります．

そして，この「よみうりアワード」は，自らのハムライフの大きな記念になることは間違いありません．

どうぞ，皆さんもこの素晴らしい「よみうりアワード」に挑戦して，楽しいハムライフをお過ごしください．
(de JH1IED)

世界一万局よみうりアワード

全日本一万局よみうりアワード

よみうりアワード規定書

アマチュア無線は人種，国境，思想を越えて人と人との心のきずなを結び，文化の交流，科学技術の発展に大きく貢献しています．読売新聞社は，このようなアマチュア無線家の活動に敬意を表し，その健全な発展を願い，昭和44年（1969年）1月1日によみうりアワードを制定しました．世界のアマチュア局と交（受）信した人には「世界10,000局よみうりアワード」を，また日本のアマチュア局と交（受）信した人には「全日本10,000局よみうりアワード」を贈ります．

I 規定

世界10,000局よみうりアワード

1. このアワードは，日本のアマチュア局またはSWLに贈るもので，世界のアマチュア局と交（受）信し，10,000局（QSLカード10,000枚）が**表-1a**の規定を満たしたときに発行する．アワード達成までの2,500局ごとに証明書を発行する．アワード達成者には副賞を贈呈する．
テーマ局：ARRLカントリー，ITUゾーン，六大州・南極の局

表-1-a 交（受）信規定

	交（受）信局数	ARRLカントリー	ITUゾーン	六大州・南極
C証	2,500	100	40	7
B証	5,000	130	50	7
A証	7,500	160	60	7
アワード	10,000	200	70	7

数字は累計．テーマ局数は交（受）信局数に含まれる．
申請・審査にあたり，国際電気通信条約附属無線通信規則第41条に基づく郵政省告示を順守する．交信無効の国および期間は別に示す．

2. 申請書類は，よみうりアワード申請書，よみうりアワード審査証明書，ARRLカントリー一覧表，ITUゾーン，六大州・南極一覧表および交信局一覧表とする．

全日本10,000局よみうりアワード

1. このアワードは，日本および外国のアマチュア局またはSWLに贈るもので，日本のアマチュア局と交（受）信し，10,000局（QSLカード10,000枚）が**表-1b**の規定を満たしたときに発行する．アワード達成までの2,500局ごとに

表-1-b 交（受）信規定

	交（受）信局数	テーマ局数（テーマ局一覧表の枚数）
C証	2,500	47×3（3）
B証	5,000	47×6（6）
A証	7,500	47×9（9）
アワード	10,000	47×12（12）

証明書を発行する．アワード達成者には副賞を贈呈．
テーマ局：シングルバンド交信による47都道府県の局
数字は累計．テーマ局数は交（受）信局数に含まれる．
交（受）信局のコール・エリア別交信比率と，テーマ局一覧表のバンド別枚数は別に定める．

2. 申請書類は，よみうりアワード申請書，よみうりアワード審査証明書，テーマ局一覧表および交信局一覧表とする．

以下，世界部門と全日本部門共通事項

3. 申請はC証からとする．なお，C証申請の段階でアワードの規定を満たすQSLカードを取得している場合は，特例を別に定める．
4. 申請はアマチュア無線による交信またはSWLによる受信のいずれか一つとする．
5. 申請者の交（受）信地点は同一コール・エリア内の陸上とする．
6. 複数のコールサインで取得したQSLカードは，合算して申請できない．
7. クラブ局は申請できない．
8. QSLカードは昭和27年（1952年）以降のもが有効．
9. モードは自由とする．
10. クロスバンド交信および人工衛星などの中継局を利用した交信によるQSLカードは認めない．
11. 相手局は陸上で運用した局に限る．
12. 相手局は，バンド，モードおよび交信地点に関係なく1局とする．
13. 申請には，日本アマチュア無線連盟（JARL）正会員2名による審査証明書を必要とする．審査者のうち1名は原則としてJARL登録クラブの代表であること．外国のアマチュア局が申請する場合には，所属するカントリーのビューローのアワード・マネージャーによる審査証明

書を必要とする．
14. 特記事項は別に定める．
15. 申請書類の確認に際してQSLカードの提出を求めることがある．
16. アマチュア精神に基づいて健全に運用されていることを確認することがある．
17. アマチュア精神に反する行為があると判定した場合は，証明書，アワードを発行しない．またすでに発行したものについては無効とする．

Ⅱ 申請手続き
1. 申請書類はよみうりアワード事務局で用意する．書類の請求は郵便で行うこと．氏名，住所，電話番号，コールサインおよび申請の内容を明記し，書類郵送用の切手（定形外100gぶん）を同封して下記事務局へ申し込むこと．郵便以外は請求に応じない．
2. 書類の記入方法は別に定める．
3. 無線局免許状のコピーを，C証，アワード申請時のほか記載事項に変更があった場合はB，A証申請時に申請書類に添付すること．
4. C証申請時に，自局のQSLカードおよび連絡先の住所を記入した郵便ハガキ各1枚を同封すること．
5. 申請書類は，下記事務局へ郵便で提出すること．
6. 申請手数料は不要．

申請先：〒100-8055 東京都千代田区大手町1-7-1
　　　　読売新聞社アワード事務局

よみうりアワード規定書補則（抜粋）

世界10,000局よみうりアワード
1. A証までの予備証取得者で，コールサインが変わった場合は，改めてC証から申請すること．
2. アワードの申請は世界，全日本部門それぞれ1人1回とする．
3. 日本在住の外国人は日本の局とする．
4. 規定1による交信無効の国および期間．
　（p.39 表1-1参照）
5. 特記事項は次のとおりとする．
　　C証からアワードまで同一の特記を記入すること．SINGLE MODE，SINGLE BAND，ALL ZONE．ALL ZONEを除き，途中からの追加，変更は認めない．
6. よみうりアワードに関する問い合わせは，原則として郵便で受け付ける．
7. 審査者はC証からアワードまで，できる限り同一人とする．審査者のうち1名は原則としてJARL登録クラブの代表とするが，JARL支部長およびこれに準ずる者でもよい．
8. 申請者がB証以上の審査を受ける時は，審査者に対しそれまでの申請書類の写しを提出すること．
9. 申請書類の記入方法
　　以下，省略

全日本10,000局よみうりアワード
1. A証までの予備証取得者で，コールサインが変わった場合は，改めてC証から申請すること．
2. アワードの申請は世界，全日本部門それぞれ1人1回とする．
3. 日本在住の外国人は日本の局とする．
4. 規定1の交信比率とテーマ局一覧表のバンド別枚数は次のとおり．
　A．アワード申請時，コール・エリア別交信比率は全交信局（10,000局）の5%（500局）以上，15%（1,500局）以下とする．
　B．C証からアワードまでの計12枚のテーマ局一覧表は，同一バンド4枚以下とする．
5. 特記事項は次のとおりとする．
　　C証からアワードまで同一の特記を記入すること．途中からの追加，変更は認めない．
　　SINGLE MODE（SSBを除く）
6. よみうりアワードに関する問い合わせは，原則として郵便で受け付ける．
7. 審査者はC証からアワードまで，できる限り同一人とする．審査者のうち1名は原則としてJARL登録クラブの代表とするが，JARL支部長およびこれに準ずる者でもよい．
8. 申請者がB証以上の審査を受ける時は，審査者に対しそれまでの申請書類の写しを提出すること．
9. 申請書類の記入方法
　　以下，省略

第2章
アワードを完成させる ためのアプローチ

アワードを完成させるためには，さまざまなアプローチがあります．本章では，アワードへの取り組み方やアワード・マネージャーからの言葉などをお届けします．

2-1　アワードの成り立ちとその種類

アワードとは

　アマチュア無線の交信を重ねていくと，交信局数が増えるとともに3～4か月後にはJARLからQSLカードが届き始めると思います．美しいQSLカードや思い出深い交信でのQSLカードを見るだけでも楽しいですが，せっかくなので自分の交信実績をまとめて形にしてみませんか．届いたQSLカードがアワードのルールに定められている条件を満たしていればアワードを申請できます．

　アワードは，自分の交信実績を賞状という形にしてくれます．B5からB4サイズ大の賞状がほとんどですが，中にはこれ以外のサイズや紙ではなく別の素材を使ったアワードもあります．届いたアワードを手にすると，感動もひとしおです．

　また，目標となるアワードを見つけ完成を目指して努力することが，アマチュア無線に対するモチベーション・アップや自身の無線技術・運用テクニックの向上にも役立ちます．自身の成長を後押ししてくれるのも，アワードの魅力の一つです．

　このアワードの完成を目指し，取得することをアワードハント．アワードハントを楽しむ人をアワードハンターと呼びます．

QSLカードの取得

　アワードを完成させるためには，基本的にQSLカードの取得が必要です．このため，アワードを楽しむならJARLへの入会は必須です．さらに，eQSL[※2-1]に代表される電子QSLシステムで届いたQSLカードも有効となるアワードが多いので，対応しておくことをお勧めします．

　QSLカードの所持証明は，自身が「QSLカードを間違いなく所持している」という「自己誓約」と，「GCR（General Certificates Rule）」と呼ばれ

[※2-1] https://www.eqsl.cc/qslcard/Index.cfm

第2章　アワードを完成させるためのアプローチ

る自分以外のアマチュア無線家による証明があります．自己誓約による所持証明が主流になってきていますが，GCRを求められるアワードもまだまだあります．GCRは一般的に2名による確認が必要なので，お願いできる方を見つけておきましょう．そのためには，地域クラブに入会しておくなど，ローカル局とのお付き合いを普段から心がけておいてください．

　アワードの中には，QSLカードの取得が不要で交信だけで認められるものもあります．交信時には，できるだけ運用地を確認しておきましょう．

アワードの種類

　現在発行中のアワードには，さまざまなものがありますが，ルールによって次のようにいくつかの種類に分類できます．アワードによっては，クラスによって種類が分かれていたり，複数の種類にまたがっていたりする場合もあります．

① **JARL発行アワード**

　JARL発行アワードは，アワードの基本・バイブルとも言われるルールです．初心者はまずJARL発行アワードからチャレンジしましょう．アワードの詳細はp.58からのJARL発行アワードを解説しているページを参照してください．

② **地域収集アワード**

　交信相手局を特定の地域に絞って収集するアワードです．アワード・タイトルですぐにわかります．一定地域の中から決められた局数と交信するルールも，このカテゴリーに入るでしょう．

例 秋田全市町村賞，全千葉交信賞など．

完成のヒント：JARL各支部主催のコンテストに参加して，管内局を探すことが早道です．中には，コンテスト内の交信で完成させる，コンテスト・アワードというものもあります．

③ **つづり字アワード**

　一般につづり字ルールと言われています．コールサインの1文字（多くはテールレター）で，アワード・タイトルや地名などの，決められた文字をつづります．

例 ABIKO AWARD，まほろば賞など．

完成のヒント：とにかくたくさんの局と交信しておくに限ります．同じ文字を何回も使うこともあるためです．意外と足りない文字が出てきますよ．

④ **文字収集アワード**

　アルファベットのA〜Zを集めたり，コールサインに特定の1文字が入っている局を集めたりするなどのルールです．

例 高知AZ賞，JA6賞，なにわ賞など．

完成のヒント：特定の地域内でA〜Zを集めるというルールでは，とにかく対象となる地域の局を見つけたらできるだけ多く交信しておくことです．

⑤ **特定局収集アワード**

　交信相手を，特定のクラブ・メンバー局や一定の条件に該当する局（YL局など）に絞って完成させるアワードです．

例 THE SAMURAI，ACC10局賞など．

完成のヒント：クラブが主催するコンテストやQSOパーティへの参加が早道です．

⑥ **コールサイン収集アワード**

　特別局や記念局などの特別コールサインや異なるプリフィックス，サフィックスなどを収集するなどのアワードです．

例 Japan Special Call Award，六つ子賞など．

完成のヒント：記念局はJクラスタにアップされやすいので，運用を見つけやすいと思います．しかし，Jクラスタに載ったらすぐに激しいパイル

アマチュア無線 アワードハント・ガイド | 47

アップになることも….

⑦ 局数収集アワード

ズバリ，数の積み上げのアワードです．これを目標に長く楽しめます．

例 VU-1000，東京都支部賞，埼玉100局賞など．

完成のヒント：このアワードの完成に早道はありません．地道にコツコツと交信していきましょう．

⑧ その他のアワード

以上にとらわれないユニークなルールのアワードがあります．交信を特定日に限る，郵便番号をルールに取り入れている，アマチュア衛星を使って交信するなど，そのほかにもいろいろあります．これらのアワードは，一味違った楽しみ方があるので，ぜひチャレンジしてください．

例 JAPAN POSTAL CODE AWARD（JPA），アマチュア衛星「ふじ」アワードなど．

完成のヒント：ログを見ただけでは，完成しているかどうかがわからないルールもあります．すでに届いているQSLカードを効率良くチェックできるよう，普段からの整理が重要です．

⑨ 期間限定アワード

ルールによる分類ではありませんが，数年間限定で発行されるアワードや，イベントなどに関連してその開催期間前後を交信有効期間に定めて発行されるアワードがあります．限られた機会を逸すると二度と獲得できないので気が抜けません．比較的完成しやすいルールのアワードが多いのですが，中にはハードルが高いアワードもあります．

例 JARL創立90周年記念アワードなど．

完成のヒント：有効交信期間があるので，早めにアワード発行情報を入手し，交信期間開始と同時に交信相手局を探すことが大切です．

以上，ルールをもとにアワードを大まかに分類しました．一つのアワードでも複数の分野にまたがっていたり（ある地域の局で文字をつづるなど），クラスによってルールの分類が違っていたりする場合もあります（A賞は地域収集，B賞はつづり字など）．不得意な分野が出てくるかもしれませんが，それを克服することが自身のレベルアップにつながります． （de JR1DTN）

JARL創立90周年記念アワード（期間限定）

地域収集　局数収集

ルールは抜粋，詳細はWebサイト参照
発行者：JARL
交信有効期間：2015年6月12日～2016年6月11日
申請受付期間：2015年6月12日～2016年12月31日
ルール：次の局と交信する．
J賞…9の異なるプリフィックスの日本国内の局
A賞…9の異なる市・区の局
R賞…9の異なる郡の局
L賞…9の異なる都道府県の局
90賞…90の異なる局．JARL創立90周年特別記念局はバンドが変われば異なる局とみなし，9局ぶんとして数えられる
特記：JARLアワードに準じる＋Oneday，D-STAR
URL：http://www.jarl.org/Japanese/1_Tanoshimo/1-2_Award/Award_Main.htm

2-2 アクティブ・アワードハンターからの ワンポイント・アドバイス

なぜアワードを目指すのか

好きな時に好きなだけ楽しめるのがアマチュア無線です．また気持ち良く世界中のアマチュア局と交信し，その成果を証明し称えるのがアワードです．

アワードを完成させる方法は，一つだけではありません．JARL発行の「AJD」や「WAJA」を例に取っても，楽しみ方は何十通りもあります．筆者は1985年にWAJAを7MHzの特記で申請して以来，各バンドで挑戦し，現在8バンド目の完成を目指しています．無線の楽しみ方を何倍にも膨ませてくれるのがアワードです．

自作アンテナで瀬戸の島々へ移動運用すると，自宅のシャックからでは交信できなかった局と簡単に交信できます．たった数分でAJDが完成したときの喜びは今も忘れることができません．個々の記録を証明してくれるアワードもあり，今やどっぷりとアワードハントの世界にはまっています．

完成を目指すアワードを探す

アワード集を眺めていると，きれいな風景やお祭りに心がときめきます．アワードの取得がきっかけで，その地を訪れた方も多いのではないでしょうか．見事な風景の「地球岬アワード」．「青森ネブタ賞」や「秋田の竿灯アワード」をはじめとした全国のお祭りアワード．こつこつとポイントを重ねていくAJAも楽しいアワードです．

ルールの面白さが，アワードの取得意欲を刺激することもあります．特にユニークなルールでは「隅田川七福神の宝船綴り文字賞」があります．QSLカードに記入してある運用場所の市区町村名中の1文字を抽出し「隅田川七福神の宝船」の9文字を9枚でつづるルールです．

隅田川七福神の宝船 綴り文字賞 　その他

ルールは抜粋．詳細はクラブのWebサイトを参照．
発行者：墨田ウェーブ無線クラブ（JN1ZUA）
交信有効期間：1995年1月1日以降
ルール：QSLカードに記入してある運用場所の市区町村名中の1文字を抽出し「隅田川七福神の宝船」の9文字を9枚でつづる（郡名，市区名から下の町村名は不可）．申請者が移動運用をして得たQSLカードに，申請者の移動地が明記されていればそれも有効（常置場所は無効）．1文字目の「隅」は墨田区の「墨」で代用可．「の」はひらがなであること．クラブ局（JN1ZUA）またはこのクラブ員の表示があるQSLカードを含むこと（文字に含まれない場合10枚目を添付する）．
特記：希望事項
申請：申請書C＋500円（B/Pは200円）の定額小為替（切手不可）．

〒131-0032 東京都墨田区東向島2-38-7
すみだ生涯学習センター内　墨田ウエーブ無線クラブ
URL：http://www.geocities.jp/jn1zuahome/

また，JARL愛知県支部が発行する「やっとかめだなも賞」は，愛知県内で運用するアマチュア局との交(受)信により得たQSLカードに記載されたオペレーターの氏名により，市区町村名をつづります．難易度は高いですが，やりがいのあるアワードです．「やっとかめ」は「八十日目」のこと．名古屋地域の方言で「お久しぶりですね」という意味です．

　意外と完成が難しいのは「必ずメンバー局を含むこと」というルールのアワードでしょう．メンバー局のアクティビティーの高さが，アワードの完成に大きく影響します．

交信する局の探し方

　偶然の出会いを楽しむアマチュア無線にとって，丹念なワッチが原則で交信の基本です．CQ ham radio誌の定期コラム「HF帯コンディション予報」は欠かせない情報源です．

　また補助手段としてインターネットでの運用局情報サイト「DXSCAPE」や「Jクラスタ」，ソーシャル・ネットワーク・サービスの「Twitter」や「Facebook」などの書き込みを活用するのもお勧めです．これらを利用すれば短時間でお目当ての局と交信できますが，Jクラスタにアップされた途端に激しいパイルアップとなるのが常です．日ごろからこまめなワッチを心掛け，パイルアップになる前に交信したいものですね．

QSLカードの整理方法

　QSLカードは，普段から整理棚にエリア順，プリフィックス順に並べる習慣を付けておくことが大切です．

　筆者は，JARLビューローからQSLカードが届くと，ハムログに受領チェックをした後，専用ラックに並べています．その際，エリアごとに分けた後にプリフィックスごとに分けて順番に並べてお

やっとかめだなも賞　その他

ルールは抜粋．詳細はWebサイトを参照．
発行者：JARL愛知県支部
ルール：愛知県内で運用するアマチュア局との交(受)信により得たQSLカードに記載されたオペレーターの氏名により市区町村名をつづる．例 宮田一郎→一宮市，脇田真一郎・宮本武蔵→一宮市など．
クラスA…愛知県下に現存する名古屋市を除く37市，名古屋市内16区，14町，2村
クラスB…同上20市，名古屋市内10区，10町，1村
クラスC…同上10市，名古屋市内5区，5町，1村
該当する文字があれば，一つの氏名で複数の市町村名をつづってもよい．ひらがなやカタカナの氏名で漢字をつづることを認める(例 みどり→緑区)．漢字の読みが同じでも異なる字をつづることは認めない(例 樋田→×豊田市)．文字が同じなら読みが異なっていてもつづることを認める．
申請：専用申請書＋500円(JARL非会員は1,000円)＋自局QSLカード

申請書はWebサイトからダウンロードまたはSASEで請求．この用紙以外の申請は認められない，申請料は切手可．〒470-0391 豊田北郵便局 私書箱第20号　JARL 愛知県支部「やっとかめだなも賞」アワード係
URL：http://www.jarl.com/aichi/

第2章　アワードを完成させるためのアプローチ

きます．サフィックス順に並んでいなくても，目的のQSLカードを探すのに，それほど手間はかかりません．

ビギナーへ一言アドバイス

最初の目標として，JARLが発行する各バンドの100局賞に挑戦してみてください．V/UHF帯の50MHz，144MHz，430MHz，またWARCバンドの10MHz，18MHz，24MHzで100局賞に挑戦すると，それぞれのバンドの特徴がつかめます．

また，アワードを完成させるという目的を持って交信することが，より充実したハムライフにつながります．

「One Day AJD」のような24時間以内に完成させるルールのアワードや特記の「ONEDAY」には，24時間を「0000～2400JST」と定めたものと「スタート時刻から24時間以内」と定めたものの2種類のルールがあります．間違えないように注意してください．

せっかく完成したと思って申請しても「ルールに合致しません」と言われたのでは興ざめです．ルールを正確に把握してから，アワードに挑戦しましょう．

(de JH5GEN)

2-3　アワード完成へのアプローチ

アワードの探し方

アワードの情報源はたくさんあります．まず，本書をはじめ，CQ ham radio誌連載の「今月のアワード」のページやJARL Newsなどの出版物．インターネットでもJARL Webのアワードのページ[2-2]，JARLの各支部[2-3]や地方本部[2-4]のWebサイト，ジャパン・アワードハンターズ・グループ[2-5]やThe International Award Chasers Club[2-6]などのアワード愛好者グループのWebサイト，アワードハンターが開設するWebサイト（JA2PFZ冨永さん[2-7]ほか）．

期間を限定した記念局関連のアワードも増えてきているので，記念局が開設するWebサイトも要チェックです．これには，JJ1WTL本林さんが記念局の開設状況をまとめた「8j-station[2-8]」が便利です．記念局のWebサイトへのリンクが貼られています．

そのほかに，届いたQSLカードにアワードのPRが書かれていることもありますね．ハムログのユーザー登録をしている方なら，「HAMLOG_User欄」にもアワード情報を記載している局を見かけることがあるでしょう．

さらに，ハムフェアをはじめとした各地で行われるアマチュア無線のイベントに，アワード関連の出展を行う団体があります．クラブのブースでも発行アワードのPRが行われていることもありますから，くまなく訪れたいものです．

※2-2　http://www.jarl.org/Japanese/1_Tanoshimo/1-2_Award/Award_Main.htm
※2-3　http://www.jarl.org/Japanese/4_jarl/4-2_Shibu/Shibu.htm
※2-4　http://www.jarl.org/Japanese/4_jarl/4-1_Soshiki/Chiho_Honbucho.htm
※2-5　http://www.jarl.com/jag
※2-6　http://www.jarl.com/acc/
※2-7　http://tom.o.oo7.jp/
※2-8　http://www.motobayashi.net/8j-station

すでに届いているQSLカードで完成しているアワードを探す

手元にあるQSLカードからアワードを探す場合は，コールサインのアルファベットの一部を利用して単語や文章を作る「つづり字アワード」が一番のお勧めです．

例えば，「青森ネブタアワード(p.115)」は，取得したQSLカードのテールレターで「AOMORI NEBUTA」とつづります．これなら，すでに完成している局も多いのではないかと思います．バンドやモードの特記を付けると少し難しくなりますが，それだけ良い思い出のアワードとなります．

ジャパン・アワードハンターズ・グループ(JAG)は，メンバーが発行できる統一QSLカード(図2-1)を印刷しています．創立以来これまでに13回，延べ324万8千枚を印刷しているので，お手元に何枚か届いているという方もいらっしゃるでしょう．このJAGから発行されている「JAG創立30周年記念アワードⅡ(p.76)」は，2006年1月1日以降の交信が有効の縛りはありますが，JAG会員1局からQSLカードを得るとともに，3枚のQSLカードのサフィックスのいずれか1文字で「JAG」とつづります．合計4枚のQSLカードで完成するので，すぐ申請できるアワードです．

図2-1　JAGメンバーの統一QSLカード

気になるアワードの完成を目指して頑張ってみる

何枚かアワードを取得したら，「少し難易度が高いかな」と感じるアワードにもチャレンジしてみませんか．手元にあるQSLカードを調べて完成まであと一歩のアワードがあれば，頑張って挑戦しましょう．無線機の横に交信したい地域や局のメモを置いて，狙ってみてください．完成したときの達成感は，計り知れない大きさがあります．

p.22からの注目のアワードでも紹介している「道の駅アワード（発行：久慈サンキストクラブ）」「湯けむりアワード（発行：アマチュア無線クラブグループ友）」「湖沼賞，PSCW（発行：JR3LCF）」はそれぞれ申請リストが用意されているので，プリントアウトして完成を目指しましょう．

なお，Turbo HAMLOGをお使いであれば，アワード集計ツールの「道の駅Get's※2-9」に追加データ集の「8点盛MCSV※2-10」を併せて利用すれば，整理も簡単です．

一つのアワードが完成すると，ほかに完成しているアワードもある

道の駅アワード・シリーズの「道の駅全都道府県部門」を完成していると，JARLが発行する「WAJA(p.61)」にも活用できます．同様に湯けむりアワードの「遊湯友賞」，湖沼賞の「湖沼賞WAJA」でもJARL発行の「WAJA」が完成します．各バンドでWAJAを取得していると「全日本一万局よみうりアワード(p.38)」に近づきますので，チェックしてみてください．

このように，完成条件が重なるアワードは多々あります．一つのアワードが完成したら，併せてほかのアワードが完成していないかを調べるのも一つの楽しみです．

※2-9 http://hamlog.no.coocan.jp/mou/usdown.html#Michi
※2-10 使い方はJI1ILB 菅野さんのWebサイト
http://www.maroon.dti.ne.jp/kazuilb/8tenmori.htm を参照してください

第2章　アワードを完成させるためのアプローチ

QSLカードを取得するアワードと交信だけでOKのアワード

アワードハントの基本はQSLカードの取得ですが，期間限定の記念アワードを中心に，QSLカードの取得を問わず交信のみで完成するアワードも増えています．その理由の一つに，短期間ではQSLカードがなかなか集まらないことへの配慮が挙げられます．

このアワードの代表的な例に，「JARL創立90周年記念アワード（p.48参照）」があります．QSLカードを所持する必要はなく，交信（受信）のみで申請できます．このため「QSLカードの誓約欄」が未記入でもかまいません．

これらのアワードでは，申請受付開始日に多数の申請書が届く実態に驚きます．用意周到な準備を行い，素早く申請するアワードハンターに拍手！

発行期間を限定しない通年アワードにも，QSLカードの取得を問わないものがあります．SENDAI TUNING DX CLUBが発行する「Overseas Marathon Dx Award」は，1年間365日以上毎日DX局と1局以上交信するルールです．並大抵の努力では完成できないアワードですが，日々の目標として掲げ，達成できた折には申請したいものです．

ほかのハムの証明（GCR）が必要な場合

アワード申請時に「カードの提出を求める場合があります」や「GCRの証明はJARL登録クラブまたはJARL正員2名による」との表記を目にしたことはありませんか？　GCRとは，自分以外のアマチュア局によるQSLカードの所持証明のことです．

全日本一万局よみうりアワードでは，GCRに所持証明者の印鑑も押して申請しますが，さらにQSLカードのコピーを求められる場合があります．筆者は226枚のQSLカードのコピーを要求されました．それでも申請から2か月間という短期間で，本賞の合格通知書が届き感激しました．

最近ではあまり目にしなくなったGCRやQSLカードの提出ですが，アワード界の歴史を振り返ると，理解できるところです．

アワード創設期は，QSLカードの提出が原則でした．次に，QSLカード所持証明に証明者（通常

Overseas Marathon Dx Award　その他

ルールは抜粋．詳細は申請先まで問い合わせる．
発行者：SENDAI TUNING DX CLUB（JH7YES）
ルール：任意の日から1年365日以上，毎日，連続して海外局と1局以上交信する．JD1は海外局とする．交信時間はUTCで記載．
申請：自己宣誓方式．書式は自由だが住所，氏名，TEL，コールサイン，無線従事者資格，メールアドレスを明記する．E-Mailでの申請は無料．郵送は200円ぶんの切手を申請書に添付．
〒981-3111　宮城県仙台市泉区松森字内町48-12　ANTENA内　SENDAI TUNING DX CLUB事務局
TEL…022-218-0021
E-Mail…antena@f8.dion.ne.jp

Overseas Marathon Dx Award
No 0001
Data　2012.12.10 ～ 2014.04.26
502 Days　3,607 Station
Call Sign　JH7YES
Name　Taro Sendai

貴局は，連続365日以上にわたり，海外のアマチュア無線局との交信を行いました．
　その努力と継続的な運用実績は，当クラブの精神に合致いたします．つきましては，貴局の努力を賞賛すると共に，ここに証します．

2014年4月26日

SENDAI TUNING DX CLUB
JH7YES　会長　菅野　朝男

は2名)の印鑑を必要とするGCR時代となりました．移行当初，GCRはあくまで簡便法だと言われるOMさんが多く見受けられたものです．

そして2005年4月23日，JARL発行アワードの申請がGCRから自己誓約へ改正されました．その後，国内アワードでも自己誓約に変更するアワードが相次ぎ，ジャパン・アワードハンターズ・グループ(JAG)発行アワードも，2006年1月1日から自己誓約方式となり，現在に至っています．

創設期から成長期，躍進期を経て成熟期を迎えた現在，発行者と申請者の相互の信頼関係の基に，自己誓約方式が成り立っています．発行歴の長いアワードでは，現在もQSLカードの所持証明を求めるアワードがあります．普段からローカル局とお付き合いを密にしておくことも肝心です．

現在では，GCR欄があるアワード申請用紙は市販されていません．そこでJAGのWebサイト内の「ダウンロードコーナー※2-11」に「GCR必要アワード申請書　カードリスト」を用意しています．ぜひご利用ください．

アワードのルールと申請先がわからないときどうするか

挑戦したいアワードのルールがわからないとき，あなたはどうやって調べますか？　日ごろからお付き合いのあるアワードに詳しいローカル局や，各エリアのフレンド局にたずねるのも一つの方法です．CQ ham radio誌の「今月のアワード」のコーナーを見たり，JARL発行アワードならJARLのWebサイトを見たりするとわかりますね．

このほか，JAGでは毎年，入会に必要なアワードとして450～500件のアワードが掲載された，「JAG入会アワード認定リスト」を発表しています．

このリストには発行者も明記されていますし，「JAG入会最短ルート」として認定している30件には申請先とルールを掲載していますので，参考にしてください．

アワードハンターのブログに，挑戦したいアワードを見つけることもありますが，申請先が書いていないこともあります．この場合，アワード名をキーワードにして，検索サイトで検索してみるとさまざまな情報にたどり着きます．その中で発行クラブや発行者が見つかれば，E-Mailや手紙でルールなどの問い合わせが行えます．

データ・ファイルで発行されるアワード

最近は，E-Mailで申請書を送れば，早ければ数時間後にE-Mailで「PDFファイル」や「JPGファイル」といったデータ・ファイルで発行されるアワードもあります．

これらのアワードは，発行がスピーディーというだけでなく，ほとんどが申請料無料という大きなメリットもあります．

印刷されていないので所有感に乏しいと感じる人もいると思いますが，この場合インクジェット・プリンタを使って写真用紙に印刷すれば，FBなアワードになります．プリンタをお持ちでない人向けに，印刷したアワードを有料で発行してくれるケースもあります．

データ・ファイルで発行されるアワードには，記念局との交信を対象にしたような，期間限定アワードが多いようです．一例として，上郡アマチュア無線クラブ発行の「上郡町合併60周年記念賞※2-12」があります．寝る前に申請し，翌朝にはアワードが到着していたケースもあるそうです．郵送での申請ではありえない早さです．

通年発行のアワードの例として，関西コンテス

※2-11 http://www.jarl.com/jag/text/index.html
※2-12 http://www.jh3hgi.net/

第2章　アワードを完成させるためのアプローチ

トマニアクラブが発行する「コンテストマニア賞（p.123）」があり，有効な交信がコンテストでの交信に限るというユニークなアワードです．QSLカードの取得が必要ですが，コンテストでは多数の交信ができますから，完成しやすいと思います．さらに，PDFファイルで発行されるアワードでも，印刷したアワードでも申請料金は無料という，うれしいアワードです．さらに，ロシアの「International Independent CW Club」が発行する「ASIA ALPHABET JAPAN」は，DXのアワードでありながら，日本の局との交信を対象としたアワードなので，交信難易度は低い部類に入ります．2013年9月21日以降に日本局とのCWによる交信で，サフィックスのテールレターでA～Zまでをつづります．テキスト・ファイルで作成したログをメールの本文に貼り付けて送付するだけで，JPGファイルのアワードが送られてきます．DX局が発行するアワードと言っても，一定の内容をE-Mailで送るだけなので，申請の敷居は高くありません．
　　　　　　　　　　　　　　　（de JH5GEN）

ASIA ALPHABET JAPAN　文字収集

ルールは抜粋．詳細はクラブのWebサイトを参照
発行者：International Independent CW Club（ロシア）
ルール：日本の局とCWで交信し，サフィックスのテールレターでA～Zまでを収集する．
MIX BAND，SIX BAND，WARC BAND，ONE BANDがある．
コンテストでの交信や記念局との交信は不可．QSLカードの取得は必要ない．2013年9月21日以降のCWでの交信が有効．
申請：申請料は無料．テキスト・ファイルで作成した，ログをE-Mailの本文に貼り付けて送付する．
ログは1行にCallsign，Date，Time，His RST，My RST，Freq，Mode，Letter（アルファベット）を記載し，A～Zの順に整理しメール本文に貼り付ける．本文内に，コールサインと英語表記の氏名，使用バンド（MIX BAND，10MHzなど）を記載．件名は「CALLSIGN_AWARD名」とする．アワード・マネージャーはRV6NQ．早ければ，申請後数時間にはアワードがE-Mailで送られてくる．

E-Mail…cq73@ya.ru
URL：http://www.cqcw.ru

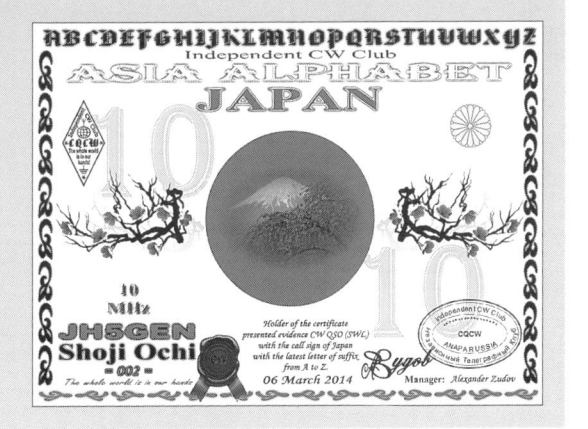

2-4　アワード・マネージャーのお仕事

アワード・マネージャーとは

　アワード・マネージャーとは，アワードの申請受付から発行までを担当する人のことです．個人発行のアワードの場合は，発行者自らがアワード・マネージャーとなるでしょう．クラブなどの団体が発行するアワードでは，任命された担当者がアワード・マネージャーになります．この場合は，

アマチュア無線 アワードハント・ガイド | 55

アワード・マネージャーが途中で変更されることもあります．

　アワード・マネージャーは普段から「どんなアワードが人気なのか？」「こんなアワードがあれば楽しいな」という関心を常に持っています．申請者が楽しんでもらえる新しいアワードの企画をいつも考えているのです．

申請書が届いてから発送するまで

　アワードの発行は，なるべく早い処理を心がけています．申請書が届いてからアワードの発送までは次の①～⑥の手順で行います．

① 内容の確認

　必要な物がそろっているかどうかをチェックします．申請書，リスト，申請料など．申請書類の不足がたびたびありますから，申請書を送付する前には，いま一度確かめてください．

② 申請内容の確認

　申請内容がアワード完成の要件を満たしているかどうかをチェックします．不備があった場合はハガキあるいはE-Mail，電話などで確認します．

③ アワードの作成

　アワードの原紙にコールサインやクラス，特記，発行番号などを書き込みます（またはプリンタで印字）．

④ 発送

　アワードに加えお礼状，資料などを封筒に詰めて，切手を貼って郵便局に持ち込むか，ポストへ投函します．アワードによってはほかに発行しているアワードの紹介，発行しているクラブの紹介，地域のパンフレットなども同封することもあります．発送前には重さのチェックをして，郵送料に間違いないかも確かめます．

⑤ 発行記録

　申請者コールサイン，氏名，発行日，発行番号，特記などを発行記録のリストに記載します．

⑥ 申請にあたっての注意事項

　円滑なアワード発行のために，申請前には次のことにご協力ください．

- 申請書の記入前には，ルールをしっかり読んで理解しておいてください．
- ルールでわかりにくいことがあれば，事前に問い合わせて確認してください．
- 申請書には，わかりやすい文字でご記入ください．また，リストはチェックしやすい順番に並べてから記入してください．
- 数を集めるアワードの場合，少し多めにリストに記入しておくと，万一使えないデータがあっても安心です．
- 送付前には，申請書，交信局リスト，必要な申請料に間違いがないかを再確認してください．

アワードの宣伝方法

　アワードが発行されていることを広くPRするのも，アワード・マネージャーの大事な仕事です．主に次のような方法でPRしています．

- メディア

　CQ ham radio誌やJARL News，ジャパン・アワードハンターズ・グループをはじめとした各クラブの会報に掲載してもらいます．

- インターネット

　ホームページやFacebookなどのSNS（ソーシャル・ネットワーク・サービス）を使ってPRしています．

- 口コミ

　QSLカードにアワードの画像や説明文を掲載し

第2章　アワードを完成させるためのアプローチ

たり，交信中にPRを行ったりします．

　申請者が途絶えたために発行を中止する老舗アワードがありますが，大変残念なことです．あらたにアワードのPRを行ったり，規約を改正したりして，アワードのリフレッシュを図るのも申請者増加につながる一つの手ではないかと思います．

　筆者が所属するJOCV-NET無線クラブでは「青年海外協力隊創設50周年記念アワード（JOCVアワード）」を発行しました※2-13．ハムフェア会場で交信したり，QSLカードの発行を行ったり，アワードや案内を掲示したりして，PRを行いました．

アワード・マネージャーからの一言

　アワード・マネージャーが，アワード発行業務中に感じることをお伝えします．

● アワードのお届けについて

　なるべく即日の発送を心がけていますが，仕事などの事情で2～3日後の発送になることもあります．大量の申請がいっぺんに届いてしまうと，時間がかかったり間違えてしまったり足らなかったりすることもあります．確認はしているのですが，人間のすることなのでどうしても間違いは起こってしまいます．広い気持ちで見守ってください．

　お礼状を送っていただくこともあり，そのときにはホッとします．すぐに来たと言っていただけるとうれしいです．

● E-Mailについて

　E-Mailは，ときどき迷子になってしまうことがあり，100％確実な連絡方法ではありません．返答がないとお叱りを受けることもありますが，このような事情があることもご承知おきください．

● 電子QSLやアワード電子発行

　RTTYやPSK，JT65などのデジタル通信を行うようになってから，LoTWやeQSLといったインターネット上でのQSL交換，アワード発行もインターネット上で無料発行（それもデザイン性の高いとてもきれいなアワード）するようになってきました．

　前述の「JOCVアワード」も，電子発行の方式でも発行しています．紙もいらず郵送料がかからないので，電子発行は無料です．

● 再発行

　アワード・マネージャーがチェック・ミスをしたり間違えたりして再発行する例はありますが，こんなこともありました．

　申請者の娘さんから「お父さんが申請したはずのアワードが届いていない．おかしいというので探したのですがやはりありません．すこしボケも入ってきたので本人の認識が違うのかもしれませんが，お手数ですがそちらで再度確認をしていただけないでしょうか？」という連絡があったのです．

　すぐに調べたところ，やはり発行済みでした．再度娘さんに連絡をして，「そういう事情ならば再発行しますので，本人にもよろしく伝えておいてください」と伝えました．その後半年くらいしてから娘さんより「アワードを再発行していただきありがとうございました．父はつい先日他界しましたが，満足しておりました」というご連絡をいただいたのです．安心しました．

● ご意見をお寄せください

　「こういったアワードがあれば」とか「こんなふうに規則を変更したら」といった建設的な意見は大歓迎です．アワード・マネージャーまで，どんどんご意見をお送りください．

(de JR1EMO)

※2-13 http://www.geocities.jp/ko0269/

第3章

完成を目指したい アワード一覧

国内では，数多くのアワードが現在発行中です．何十年も続いている老舗アワードからここ数年で新しく発行が始まったアワード，1局と交信すれば完成するアワードから完成するには途方もない局数との交信が必要なアワード，完成の条件が比較的交信しやすい局ばかりのアワードもあればなかなか交信できない局が含まれているアワードもあるなど，完成の難易度はさまざまです．アワードのデザインも，アワードの目的を表現したFBなものや格式高い表彰状形式など，バラエティーに富んでいます．

本章では，JARL発行アワードの解説，入門者向けアワード，ジャパン・アワードハンターズ・グループがお勧めするアワードを，ルールとデザインを併せて紹介します．

3-1 JARLアワード委員会によるJARL発行アワードの解説

JARL発行アワードの歴史

　数あるJARL発行アワードの中で，最初に発行したのは，SWL向けに発行されたHAC (Heard All Continents Award)です．HACの発行開始は，戦後アマチュア無線が再開された1952年(昭和27年)7月29日より2年も前の1950年(昭和25年)5月のことです．HACは現在も発行中で，すでに発行開始から65年も経過した歴史あるアワードなのです．

　アマチュア無線が再開されて局数が増加してくると，アマチュア局向けのアワード発行の要求が高まりました．そこで，1954年(昭和29年)に「WAJA (Worked All Japan Prefectures Award)」，「AJD (All Japan Districts Award)」，「JCC (Japan Century Cities Award)」の3アワードがアマチュア局向けとして初登場．今でも人気アワードとして，多くの申請者を集めています．

　1970年(昭和45年)4月からは「WACA (Worked All Cities Award)」，1979年(昭和54年)1月からは「JCG (Japan Century Guns Award)」，「WAGA (Worked All Guns Award)」および「HAGA (Heard All Guns Award)」などをはじめとして，各種の発行が次々に始まりました．

　JARLが発行するアワードで最も新しいアワー

第3章　完成を目指したいアワード一覧

表3-1　JARL発行アワード一覧表　　　　　　　　　　　　　　　　　　　　　　　　　　　　2015年9月1日現在

アワードの種類				ステッカー	特記の種類					
アマチュア局		SWL			周波数	運用モードなど	電力(SWL除く)	移動範囲	特記順位	発行番号
AJD	1	SWL-AJD	1		◎	○	○	○	○	○
WAJA	1	HAJA	1		◎	○	○	○	○	○
JCC-100〜800	8	SWL-JCC-100〜800	8	50市	◎	○	○	○	○	○
JCG-100〜500	5	SWL-JCG-100〜500	5	50市	◎	○	○	○	—	○
AJA	1	SWL-AJA	1	500局(3,000局以下)250局(3,000局超え)	—	○	○	○	○	○
10MHz-100	1	SWL-10MHz-100	1		—	○	○	○	○	○
18MHz-100	1	SWL-18MHz-100	1		—	○	○	○	○	○
24MHz-100	1	SWL-24MHz-100	1		—	○	○	○	○	○
WARC-1000	1	SWL-WARC-1000	1	1,000局	10/18/24MHz	○	○	○	○	○
50MHz-100	1	SWL-50MHz-100	1		—	○	○	○	○	○
144MHz-100	1	SWL-144MHz-100	1		—	○	○	○	○	○
430MHz-100	1	SWL-430MHz-100	1		—	○	○	○	○	○
1200MHz-10〜500	7	SWL-1200MHz-10〜500	7		—	○	○	○	○	○
2400MHz-10〜500	7	SWL-2400MHz-10〜500	7		—	○	○	○	○	○
5600MHz-10〜500	7	SWL-5600MHz-10〜500	7		—	○	○	○	○	○
10GHz-10〜500	7	SWL-10GHz-10〜500	7		—	○	○	○	○	○
24GHz-10〜500	7	SWL-24GHz-10〜500	7		—	○	○	○	○	○
47GHz-10〜500	7	SWL-47GHz-10〜500	7		—	○	○	○	○	○
75GHz-10〜500	7	SWL-75GHz-10〜500	7		—	○	○	○	○	○
V・U-1000〜10000	10	SWL-V・U-1000〜10000	10		50〜2400MHz	○	○	○	○	○
WACA	1	HACA	1		◎	○	○	○	○	○
WAGA	1	HAGA	1		◎	○	○	○	○	○
WAKU	1	SWL-WAKU	1		◎	○	○	○	○	○
ADXA	1	SWL-ADXA	1		◎	○	○	○	○	○
ADXA-HALF	1	SWL-ADXA-HALF	1		◎	○	○	○	○	○
WASA-HF	1	SWL-WASA-HF	1	100局	28MHz以下	○	○	○	○	○
WASA-V・U・SHF	1	SWL-WASA-V・U・SHF	1	50局	50MHz以上	○	○	○	○	○
アマチュア衛星「ふじ」アワード	1	SWL-アマチュア衛星「ふじ」アワード	1		—	○	—	○	○	○
JARL Station Award J賞	1	JARL Station Award SWL-J賞	1		◎	○	○	○	○	○
JARL Station Award A賞	1	JARL Station Award SWL-A賞	1		◎	○	○	○	○	○
JARL Station Award R賞	1	JARL Station Award SWL-R賞	1		◎	○	○	○	○	○
JARL Station Award L賞	1	JARL Station Award SWL-L賞	1		◎	○	○	○	○	○
—		HAC	1		◎	○	—	○	○	○
発行アワードの種類	94	発行アワードの種類	95							

・「周波数」特記欄の◎印は，135kHz，475kHz，1.9MHz〜5700MHz，10GHz〜75GHzの21バンドから単一周波数を指定できる．
・JARL Station Awardは，「One Day」と「同一コールサイン」の特記も指定できる．

ドは，2010年（平成22年）4月から発行が始まった「WAKU（Worked All KU Award）」と「JCC-800（Japan Century Cities Award-800）」です．

そのほか，いろいろな事業などを記念した，期間限定のアワードも発行されています．1986年（昭和61年）6月1日から「JARL創立60周年記念アワード」，1990年（平成2年）2月1日から「WARC'79 AWARD」，1991年（平成3年）5月1日から「マイク

図3-1 期間限定アワード「JARL 21st CENTURY DREAM AWARD」

現在JARLが発行中のアワードを，**表3-1**(p.59)に示します．アマチュア無線局を開局した多くの人が最初に目標とする入門アワードである「AJD」をはじめとして，94種類(SWL向けは95種類)が発行しています．アワードを通してさまざまなバンド，モードなどに興味を持ち，アマチュア無線に親しんでもらえるように，いろいろなアワードを用意しているのです．

また，さらなるチャレンジができるように，いろいろな特記事項を用意しています．例えば，AJDを入門アワードと述べましたが，特に低い周波数や高い周波数の特記を付けると難易度がいきなり上がってしまい，入門用から上級者向けの挑戦しがいのあるアワードに変貌します．

さらに，AJA(All Japan Award)やWASA(Worked All Squares Award)のようにポイントを稼ぐアワードは，いろいろなバンドやモードを使い，移動運用や衛星通信などの形態を利用した交信をすることで，終わりがなく一生楽しめるアワードになります．

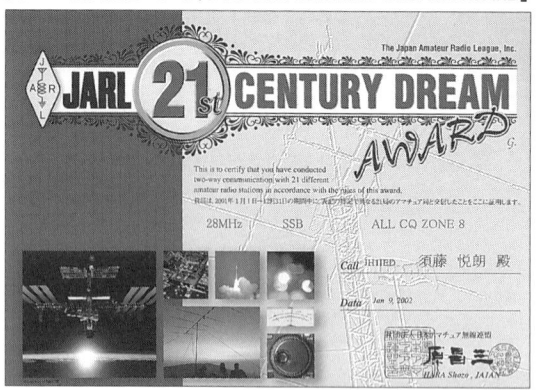

ロウェーブ・アクティブ賞」，1996年(平成8年)6月1日から「JARL創立70周年記念アワード」，2000年(平成12年)1月1日から「JARL-2000 Award」，2001年(平成13年)1月1日から「JARL-21st DREAM AWARD(**図3-1**)」，2002年(平成14年)5月1日から「2002 Suffix-C Award」，2003年(平成15年)4月1日から「JARL創立75周年記念アワード」が発行されました．そして2015年(平成27年)6月12日からは「JARL創立90周年記念アワード」が発行されています．

JARL発行アワードの申請要件と解説

ここでは，JARLが現在発行中の全アワードの申請要件とアワードの解説を紹介します．すべてのアワードがSWLにも発行されます．申請要件の交信を受信と読み替えてください．SWL向けアワードに別名が付いている場合は，それを示します．

AJD(All Japan Districts Award)

地域収集

申請要件：日本国内の10コール・エリアのアマチュア局と交信し，QSLカードをそれぞれのコール・エリアのアマチュア局から各1枚得る．

アワードの解説：日本のアマチュア局のコールサインは，アマチュア局の無線設備の常置場所また

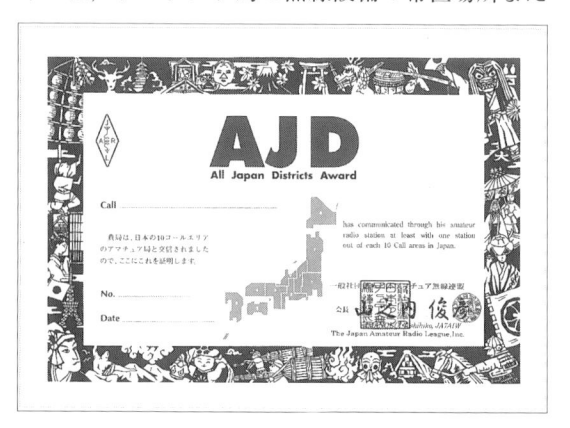

60 | アマチュア無線 アワードハント・ガイド

第3章　完成を目指したいアワード一覧

は設置場所により0～9までの地域別に番号が指定され，この番号がコール・エリアになります．例えば，関東総合通信局管内では，地域番号が1となり，1エリアと呼ばれています．ただし，7K1～7K4，7L1～7L4，7M1～7M4および7N1～7N4のアマチュア局は，関東総合通信局管内の発給で，1エリアとなりますから注意してください．

WAJA（Worked All Japan prefectures Award）
HAJA（Heard All Japan prefectures Award）

地域収集

申請要件：日本国内の1都1道2府43県のアマチュア局と交信し，QSLカードをそれぞれの都道府県のアマチュア局から各1枚得る．

アワードの解説：都道府県番号は，北海道（01）～沖縄県（47）まで2桁の番号をJARLで制定してあります．QSLカード・リストには，この番号もしくは都道府県名を記載します．

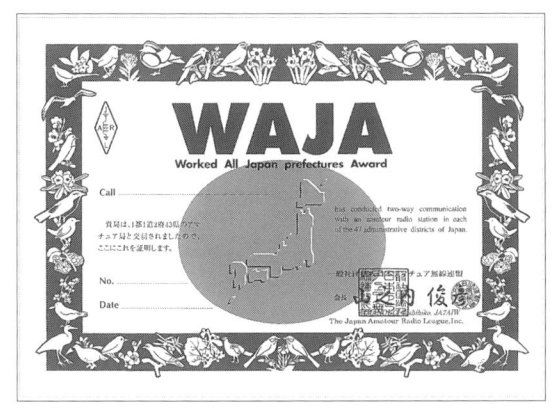

WACA（Worked All Cities Award）
HACA（Heard All Cities Award）

地域収集

申請要件：日本国内の全市のアマチュア局と交信し，QSLカードをそれぞれの市のアマチュア局から各1枚得る．

アワードの解説：WACA（SWLはHACA）の全市とは，最終交信時点で現存するすべての市のことです．申請時には，最後に交信した市の番号と日付を申請書に記載しなければなりません．
WACA（SWLはHACA）の完成者は，有償で楯を希望することができます．なお，楯の料金は，送料込みでJARL会員が5,000円，非会員が10,000円です．

WAGA（Worked All Guns Award）
HAGA（Heard All Guns Award）

地域収集

申請要件：日本国内の全郡のアマチュア局と交信

し，QSLカードをそれぞれの郡のアマチュア局から各1枚得る．

アワードの解説：WAGA(SWLはHAGA)の全郡とは，最終交信時点で現存するすべての郡のことです．郡名は現存しているが町村名が消滅しているQSLカードでも，郡名が残っていれば使用できます．申請時には，最後に交信した郡の番号と日付を申請書に記載しなければなりません．
WAGA(SWLはHAGA)の完成者は，有償で楯を希望することができます．なお，楯の料金は，送料込みでJARL会員が5,000円で非会員が10,000円です．

WAKU（Worked All KU Award）

地域収集

申請要件：日本国内の政令指定都市の全区のアマチュア局と交信し，QSLカードをそれぞれの区のアマチュア局から各1枚得る．なお，東京都23の特別区はWAKUに含まない．

アワードの解説：WAKUの政令指定都市の全区とは，最終交信時点で，現存するすべての政令指定都市の区です．発行開始日の2010年4月1日00:00(JST)以降の交信が有効です．

AJA（All Japan Award）

地域収集

申請要件：2以上のアマチュアバンドを使用して，日本国内の異なる市，郡および区のアマチュア局と交信し，異なる1,000局以上の局からQSLカードを得る．

アワードの解説：AJAは，交信局数が1,000局を超える場合，局数に応じてステッカーが発行されます（3,000までは500局単位，3,000以上は250局単位）．AJA賞状の外周には，追加申請で得たステッカーを貼ることができます．ステッカーをすべて貼り終えた場合（12,500ポイント以上）は，新しい台紙（無料）を希望できます．12,500ポイント以上を達成された方は，有償で獲得ポイントを記した記念表彰楯を希望することができます．AJAは，申請要件が2以上のアマチュアバンドを使用することになっているため周波数特記は申請できません．
東京都23特別区は，2010年4月1日以降の交信から，それぞれの区を市として計数しますが，2010年3

第3章　完成を目指したいアワード一覧

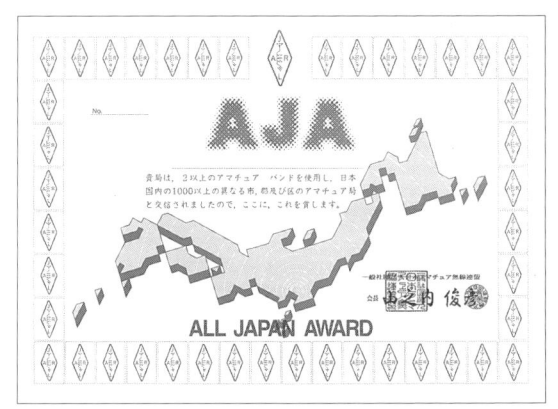

月31日以前の交信において，区で計数済みの場合は，市として加算できません．政令指定都市との交信は，分区以前の交信は市としてカウント，分区後の交信は区としてカウントします（表3-2）．特別区および政令指定都市の区番号は，6桁の番号をJARLで制定してあります．

AJA申請時は，累計記録表も忘れずに添付してください．

表3-2　政令指定都市施行年月日

市　名	JCC	施行年月日
横浜市	1101	1956年9月1日
名古屋市	2001	1956年9月1日
京都市	2201	1956年9月1日
大阪市	2501	1956年9月1日
神戸市	2701	1956年9月1日
北九州市	4021	1963年4月1日
札幌市	0101	1972年4月1日
川崎市	1103	1972年4月1日
福岡市	4001	1972年4月1日
広島市	3501	1980年4月1日
仙台市	0601	1989年4月1日
千葉市	1201	1992年4月1日
さいたま市	1344	2003年4月1日
静岡市	1801	2005年4月1日
堺市	2502	2006年4月1日
新潟市	0801	2007年4月1日
浜松市	1802	2007年4月1日
岡山市	3101	2009年4月1日
相模原市	1110	2010年4月1日
熊本市	4301	2012年4月1日

政令指定都市の区からCWで運用する局が，慣例的に「AJA 120101」などと，QTHを送信することがあります．これは，政令指定都市の区番号が，AJA制定時に定められたためです．

JARLWebサイトのアワード委員会のページにAJAのランキングを掲載しています．

JCC（Japan Century Cities Award）
JCC-100～JCC-800

地域収集

申請要件：日本国内の異なる100市のアマチュア局と交信し，QSLカードをそれぞれの市のアマチュア局から各1枚得る．

アワードの解説：JCCは，100市以降，100市単位で800賞まで別アワードとして発行しています．

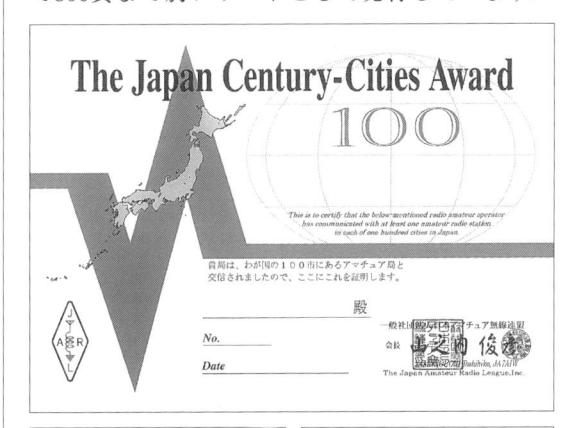

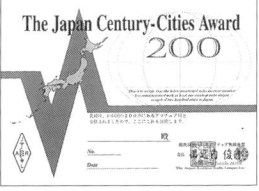

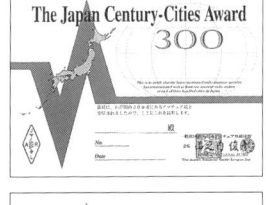

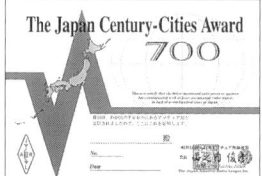

追加50市についてステッカーも発行しています．例えば，JCC-100を取得後，新たな50市と交信してQSLカードを得た場合，申請によりステッカーが発行されます．

JARLでは4桁の市番号を制定しています．日本国内には813市（2015年12月1日現在）あり，消滅した98市も有効です．東京都の23特別区は，2010年4月1日以降の交信から，それぞれの区を市としてカウントしています．

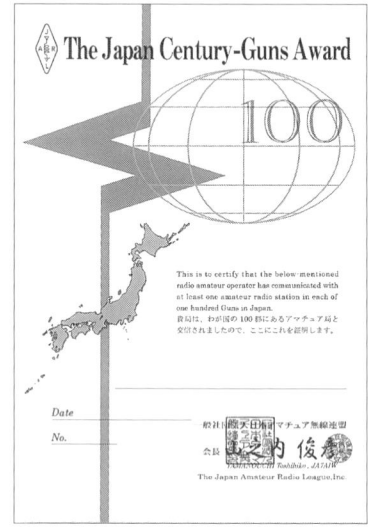

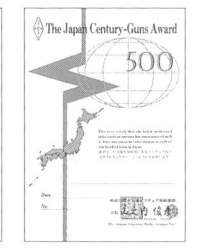

JCG（Japan Century Guns Award） JCG-100〜JCG-500

地域収集

申請要件：日本国内の異なる100郡のアマチュア局と交信し，QSLカードをそれぞれの郡のアマチュア局から各1枚得る．

アワードの解説：JCGは，100郡以降，100郡単位で500郡まで別アワードとして発行しています．追加50市についてステッカーも発行しています．例えば，JCG-100を取得後，新たな50郡と交信し，QSLカードを得た場合には，申請により50郡のステッカーが発行されます．

JARLでは5桁の郡番号を制定しています．日本国内には380郡（2015年12月1日現在）あり，消滅した242郡も有効です．

WARC-1000

局数収集

申請要件：WARCバンドである10/18/24MHzの3アマチュアバンドを使用して，異なる1,000局と交信し，QSLカードを得る．その後，1,000局増すごとにステッカーを発行し，10,000局を達成した場合はWARC-10000を発行する．

アワードの解説：WARC-1000は，1,000局を超える場合，1,000局ごとにステッカーが発行されます．賞状には，追加申請で得たステッカーを9枚貼ることができます．

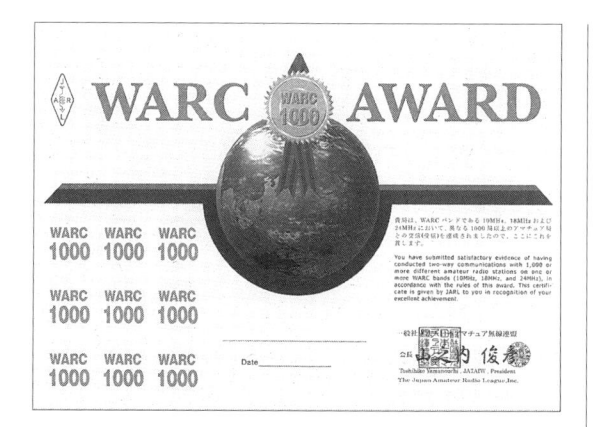

第3章　完成を目指したいアワード一覧

WARC-1000は一つ以上のバンドを使用すればよいので，周波数特記が可能です．ただし，交信局はすべて異なる局で，先に取得したWARC-1000を基に2,000局以降の追加申請を行うときは特記を変更できません．

同一局との交信は，バンドが異なれば異なる局として，カウントできます．このアワードには，発行番号は付されません．

10MHz-100/18MHz-100/24MHz-100

局数収集

申請要件：10MHz，18MHzまたは24MHzの各アマチュアバンドにおいて異なる100局と交信し，QSLカードを得る．

アワードの解説：いわゆるWARCバンドを運用し，シングルバンドで完成させるアワードです．そのため，バンド特記は付きません．このアワードには発行番号は付されません．

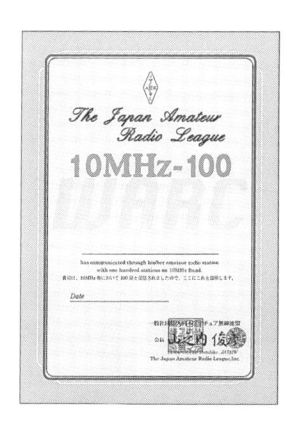

50MHz-100/144MHz-100/430MHz-100

局数収集

申請要件：50MHz，144MHzまたは430MHzの各アマチュアバンドにおいて，異なる100局のアマチュア局と交信し，QSLカードをそれぞれのアマ

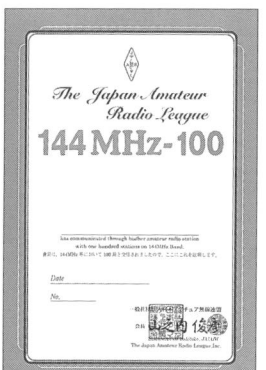

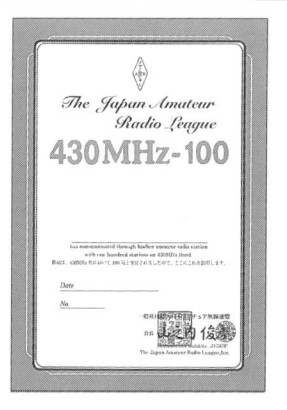

アマチュア無線 アワードハント・ガイド | 65

チュア局から各1枚得る．

アワードの解説：最もシンプルなルールで，アマチュア無線ビギナーが挑戦しやすいアワードです．100局賞以上の上位の賞はありません．

```
1200MHz-10/50/100〜500
2400MHz-10/50/100〜500
```

局数収集

申請要件：1200MHzまたは2400MHzのアマチュアバンドにおいて，異なる10局のアマチュア局と交信し，QSLカードをそれぞれのアマチュア局から各1枚得る．

アワードの解説：10局賞以降は，50局賞並びに100局賞以後，100局単位で500局賞まで発行されます．

```
V・U-1000/V・U-2000〜9000/V・U-10000
```

局数収集

申請要件：50MHz，144MHz，430MHz，1200MHz，2400MHz各アマチュアバンドのすべてもしくはいずれかのバンドを使用して，異なる1,000局以上のアマチュア局と交信し，QSLカードをそれぞれのアマチュア局から各1枚得る．

アワードの解説：V・U-1000は，1,000局を単位として発行され，V・U-10000まで発行されます．一つ以上のバンドを使用すればよいので，周波数特記が可能です．ただし，交信局はすべて異なる局で，先に取得したV・U-1000を基に2,000局以降の追加申請を行うときは，特記を変更できません．V・U-10000を完成された方は，有償で楯を希望することができます．なお，楯の料金は，送料込みでJARL会員が5,000円で非会員が10,000円です．

```
5600MHz-10/50/100〜500
10GHz-10/50/100〜500
24GHz-10/50/100〜500
47GHz-10/50/100〜500
75GHz-10/50/100〜500
```

局数収集

第3章　完成を目指したいアワード一覧

表3-3　ADXAに有効なDXCCエンティティー

プリフィックス	エンティティー名	プリフィックス	エンティティー名	プリフィックス	エンティティー名
—	Spratly Is.	BS7	Scarborough Reef	S2	Bangladesh
3W, XV	Vietnam	BV	Taiwan	TA-TC※2	Turkey
4J, 4K	Azerbaijan	BV9P	Pratas I.	UA9, 0※3	Asiatic Russia
4L	Georgia	BY	China	UJ-UM	Uzbekistan
4P-4S	Sri Lanka	E4	Palestine	UN-UQ	Kazakhstan
4X, 4Z	Israel	EK	Armenia	VR2	Hong Kong
5B	Cyprus	EP, EQ	Iran	VU	India
7O	Yemen	EX	Kyrgyzstan	VU	Andaman & Nicobar Is.
8Q※1	Maldives	EY	Tajikistan	VU	Lakshadweep Is.
9K	Kuwait	EZ	Turkmenistan	XU	Cambodia
9M2, 4	West Malaysia	HL, 6K	South Korea	XW	Laos
9N	Nepal	HS, E2	Thailand	XX9	Macao
9V	Singapore	HZ, 7Z	Saudi Arabia	XY-XZ	Myanmar
A4	Oman	JA	Japan	YA	Afghanistan
A5	Bhutan	JD1	Ogasawara Is.	YI	Iraq
A6	United Arab Emirates	JT-JV	Mongolia	YK	Syria
A7	Qatar	JY	Jordan	ZC4	UK Sov. Base Area on Cyprus
A9	Bahrain	OD	Lebanon		
AP-AS	Pakistan	P5	D.P.R Korea		

プリフィックスは代表的なものを示す．※1 アフリカ地域を除く．※2 ヨーロッパ地域（TA1）を除く．※3 ヨーロッパ地域を除く．

申請要件：5600MHz，10GHz，24GHz，47GHzまたは75GHzアマチュアバンドにおいて，異なる10局のアマチュア局と交信し，QSLカードをそれぞれのアマチュア局から各1枚得る．

アワードの解説：10局賞以降は50局賞，100局賞，以後100局単位で500局賞まで発行されます．

ADXA（Asian DX Award）
ADXA-HALF（Asian DX Award Half）

地域収集

申請要件：アジア州内の日本を含む30エンティティー（ADXA-HALFは15エンティティー）のアマチュア局と交信し，QSLカードをそれぞれのエンティティーのアマチュア局から各1枚得る．

アワードの解説：ADXAに有効なアジア州のエンティティーは，55エンティティーで表3-3のとおりです．エンティティーとは，ARRL（アメリ

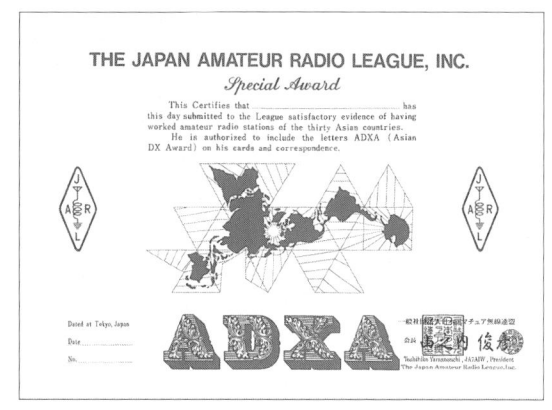

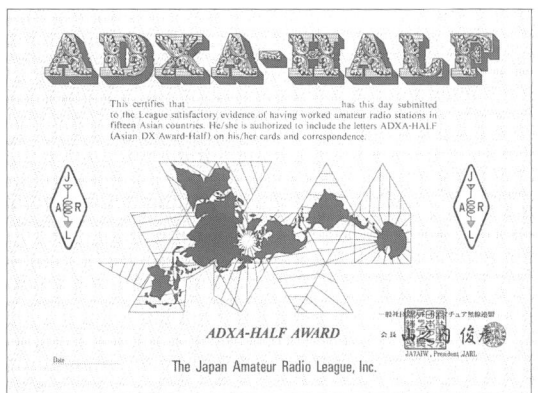

のアマチュア無線中継連盟)の定めるDXCCリストにより区分された，国，地域，島，特別区域などのことです．有効なエンティティーは，DXCCリストの変更により変わることがあります．

WASA-HF（Worked All Squares Award HF）
WASA-V・U・SHF
（Worked All Squares Award V・U・SHF）

地域収集

申請要件：28MHz以下のアマチュアバンド(WASA-V・U・SHFは50MHz帯以上のアマチュアバンドおよびアマチュア衛星のすべてもしくはいずれか)を使用して，異なるスクエアのアマチュア局と交信し，異なる100局以上からQSLカードを各1枚得る．

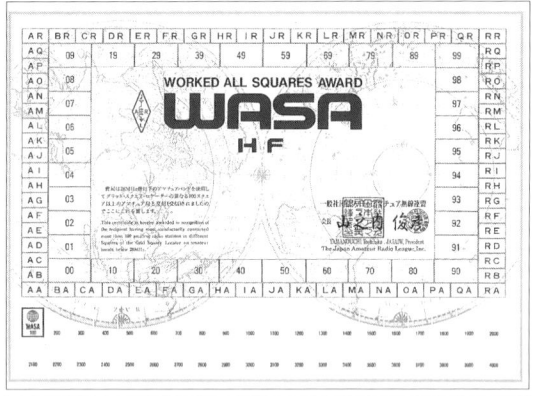

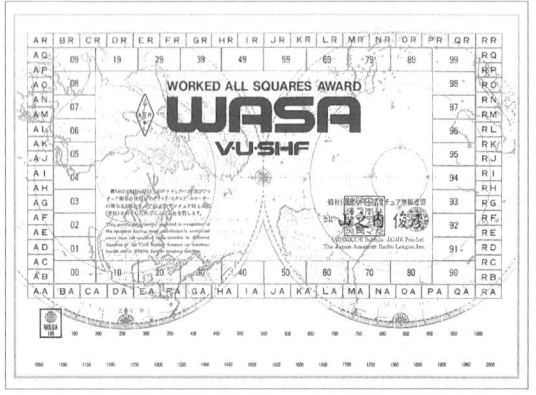

アワードの解説：WASAに使用するQSLカードは，QSLカードに記載された運用場所を示す住所から特定のグリッド・ロケーターに紐づけが可能な場合であっても，グリッド・ロケーターが書かれていない場合は申請には使用できません．ただし，運用場所の緯度経度が明記されていれば，申請者がグリッド・ロケーターに変換して申請に使用できます．この場合，QSLカード・リストの備考欄に，QSLカードに記載されている緯度経度の記載が必要です．

WASA-HFは，100局を超える場合は100局ごとにステッカーが発行されます．WASA-V・U・SHFは，100局を超える場合は50局ごとにステッカーが発行されます．

JARL Webのアワード委員会のページにWASA-HF，WASA-V・U・SHFのランキングを掲載しています．

JARL Stations Award

コールサイン

JARL Stations Award J賞
申請要件：JARLが開設する異なる5局と交信し，5枚のQSLカードを得る．

JARL Stations Award A賞
申請要件：JARLが開設する異なる20局と交信し，20枚のQSLカードを得る．

JARL Stations Award R賞
申請要件：JARLが開設する異なる50局と交信し，50枚のQSLカードを得る．

JARL Stations Award L賞
申請要件：JARLが開設する異なる100局と交信し，100枚のQSLカードを得る．ただし，10のコール・エリアのQSLカードが各1枚含まれること．

第3章　完成を目指したいアワード一覧

アワードの解説：JARLが開設する局は，中央局（JA1RL），地方局（JA2RL〜JA0RL），補助局（JA1YRL，JA2YRL，JA3YRL，JH4YRL，JA5YRL，JH6ZRL，JA7YRL，JH8ZRL，JA9YRL，JR0ZAX），南極局（8J1RL，8J1RM），特別局・特別記念局（8J1HAMなど）およびJARL資料室の設置局（JA1YAA）です．ただし，レピータ局は対象外，ビーコン局（JA1IGY，JA2IGY）などは，SWLの受信のみ有効です．

JARL以外が開設する「8J」もしくは「8N」から始まるプリフィックスの局も，JARLが開設した局とみなします．

同一コールサインの局であっても，運用年や運用場所，運用バンドが違えば異なる局とみなします．発行番号は付されません．

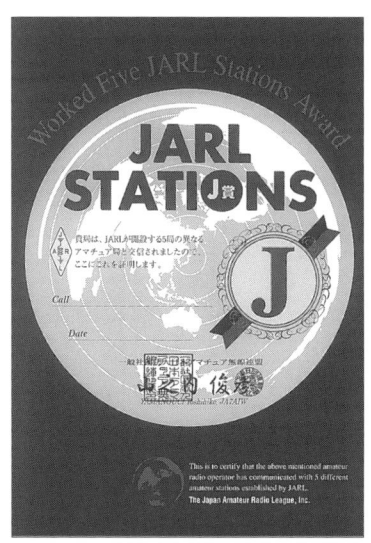

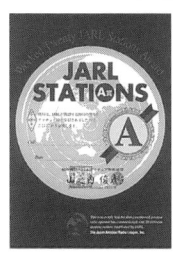

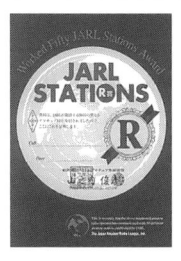

アマチュア衛星「ふじ」アワード

`局数収集`　`その他`

申請要件：アマチュア衛星「ふじ」を利用（CWまたはSSBによるものに限る）し，異なる10局のアマチュア局と交信（SWLはダウンリンクを受信）し，QSLカードをそれぞれのアマチュア局から各1枚得る．

アワードの解説：アマチュア衛星「ふじ」アワードは，特記申請ができません．発行番号は付されません．

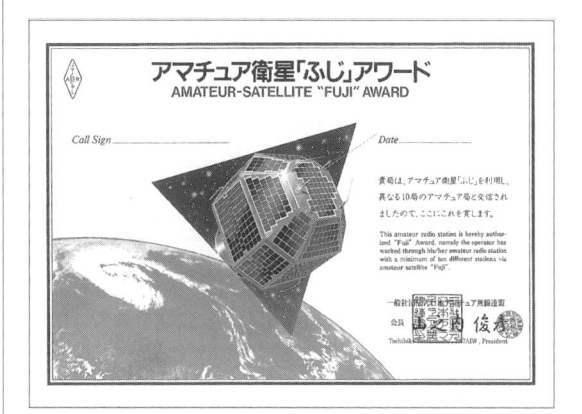

HAC（Heard All Continents Award）

`地域収集`

申請要件：世界の六大州のアマチュア局を受信し，

アマチュア無線 アワードハント・ガイド | 69

QSLカードをそれぞれの大州のアマチュア局から得る．

アワードの解説：六大州とは，アフリカ州，アジア州，ヨーロッパ州，オセアニア州，北アメリカ州および南アメリカ州です．発行開始から65年以上経過した由緒あるJARL発行アワードです．

JARL アワードマスター

その他

申請要件：JARLが発行するアワードの取得枚数に応じて，申請によりアワードマスターに認定し，認定証と副賞のピンバッジが贈られる．アワードマスターの種類と取得が必要なアワードの枚数は，次のとおり．

プラチナ……100枚

ゴールド……50枚

シルバー……25枚

ブロンズ……10枚

アワードの解説：アワードマスターを申請する場合，同一アワードでも特記が異なればカウントできます（p.59に示す発行終了アワードも対象）．免許人が同じであれば，別のコールサインで取得したアワードも認められます．

アワードマスターは，JARLが発行しているアワードに限りカウントできます．地方本部や支部，登録クラブで発行しているアワード，海外アワード，JARLコンテストの賞状，JARLコンテストアワード，QSOパーティの賞状は対象となりません．アワード本賞のみが対象で，AJAやWASAなどのステッカーは対象外です．

JARL Web内のアワード委員会のページに，各クラス別のランキングを掲載しています．

認定手続きおよび認定の申請料：取得したアワード・リスト（アワード名，特記，発行番号，発行年月日を記載したもの．任意の形式でかまわない）に申請料を添えて，E-Mailまたは郵送で申請します（電子申請不可）．申請料は認定するクラスごとに1,000円．

JARL発行アワードの申請要件と解説

JARL発行アワードで，各アワードに共通する内容を次に説明します．

■ 基本用語

- 「SWL」とは，アマチュア局の電波を受信する者のことです．SWLにおいては，申請要件内の交信を受信と読み替えます．
- 「移動範囲」とは，アワード申請に使用するためのQSLカードを取得した交信（受信）を行った場所の地域範囲を指します．
- 「エンティティー」とは，ARRLの定めたDXCCリストに記載されている国，地域，島，特別区域などを指します．
- 「市」において，都府県および北海道の振興局で異なる同名の市は異なった市とします．なお，東

第3章　完成を目指したいアワード一覧

京都23特別区はそれぞれ一つの市とみなします.

- 「郡」において，都府県および北海道の振興局が異なる同名の郡は異なった郡とします．なお，東京都の大島，三宅，八丈および小笠原の各支庁はそれぞれ一つの郡とみなします．
- 「区」は，政令指定都市の区のことを指す．都府県および北海道の振興局が異なる同名の区は異なった区とします．ただし，東京都23特別区は含みません．
- 「ゲストオペ」とは，アマチュア局の免許人または構成員以外のオペレーターが運用することです．

■ 特記事項

- 特記は，「周波数」「運用モードなど」「電力」「移動範囲」のいずれかを，三つまで同時に特記として申請できます．アワードごとの申請できる特記は，p.59の**表3-1**を参照してください．
- 申請者の運用場所は「日本国内」に統一されたため，これまで同一コール・エリアで収集してきたQSLカードを用いて申請する場合，運用場所の制限として「移動範囲」の特記申請が可能です．
- 「移動範囲」の特記は，「同一都道府県」，「同一コール・エリア」，「同一スクエア（グリッド・ロケーターの4文字目まで）」があります．一度の申請でこの3種類のうち一つが申請可能です．「同一コールエリア」，「同一スクエア」の運用場所の特記は，特記シールとして発行されます．
- 電力の特記は，申請者が出力5W以下による運用で交信したときに得たQSLカードだけを使用するときに「QRP」，0.5W以下の交信だけのときに「QRPp」を申請できます．QRP特記には，QRPpで得たQSLカードを加えて申請してもかまいませんが，その逆はできません．

- AJD, WAJA, JCC, WACA, ADXA, HACに限り，次の①〜③の場合に特記順位が10番まで記載されます．
  ① 周波数帯が1.9MHzおよび50MHz以上
  ② 運用モードがATV，CW，Digital，SSTV
  ③ Satellite
- 過去に特記事項を付けて取得したJCC/JCGの記録を基に，上位クラスのJCC/JCGを申請する場合は，特記事項の変更はできません．ただし，特記事項を除く場合は可能です．つまり，JCC-100を7MHz特記で取得した記録を基にして，新たにJCC-200を21MHzの特記に変更して申請はできませんが，周波数特記をしないで申請することはできます．

■ そのほか

- 日本国内のアマチュア局のアワード申請にかかわる移動範囲は，日本国内において交信したものであることとします．
- JARLが発行するアワードは，1952年（昭和27年）7月29日以降の交信で得たQSLカードを用いて申請できます．ただし，交信期限があるものを除きます．
- レピータなどの中継局（アマチュア衛星を除く）を使用した交信は認められません．
- 他局を介して行った交信，VoIP技術を利用した通信（EchoLinkやWIRESなど）で得たQSLカードは認められません．
- 交信した局が同一コールサインであっても，免許人が異なる場合（コールサインの再割り当てなど）は，別の局として取り扱います．
- アワード申請者自身に免許されている複数のコールサインで得たQSLカードは，同一局での交信とすることができます（社団局のコールサイ

アマチュア無線 アワードハント・ガイド | 71

ンは含むことができない）．ただし，アワードに記載できるコールサインは一つだけです．ゲストオペが行った交信で得たQSLカードは，免許人，運用者ともアワード申請に使用できません．

- ゲストオペによって運用された局が発行したQSLカードは，アワード申請に使用できます．
- eQSLによるQSLカードやE-Mailで届いた電子ファイルでのQSLカードなどでも，印刷してQSLカードの形になっていれば，申請に使用できます．

QSLカードがどういう経路で到着したかは問いません．ARRLが運営する「LoTW（Logbook of The World）」の交信データは，JARLアワードには使用できません．

■ 申請書およびQSLカード・リスト

- アワードの申請に用いる交信記録は，申請者が所持しているQSLカードを用い，その所持証明は申請者の自己宣誓によるものとします．
- JARL制定もしくは同一形式のアワード申請書とQSLカード・リストを使用してください．
- JARL制定の書式は，JARL Web内の「JARL発行アワードの紹介」からダウンロードができます．
- E-Mailの添付ファイルの形式は，テキストやエクセル，ワード，一太郎，PDFのいずれかの形式を受け付けますが，事務局ではエクセル形式（エクセル互換ソフトウェアのファイル形式も可）を推奨しています．
- QSLカード・リストの記載順は，各アワードのルールに応じて，重複交信を確認しやすいように記入してください．

例えば，AJDではエリア順，JCCでは市番号順，局数を集めるアワードではコールサイン順での記入にご協力ください．

- アワード申請書は，印鑑がなくても有効です．用紙の場合は自署署名，電子申請の場合は申請者のメールアドレスがあれば有効です．

■ JARLアワードの申請方法

アワード申請は，申請書類を郵送，直接JARL事務局に持参およびWebからの電子申請並びにE-Mailのいずれかの方法があります．都合の良い方法を選択してください．

アワードの申請手数料は，JARL会員が1,000円（国外からの申請はIRC 8枚）で非会員が2,000円（国外からの申請はIRC 16枚）．

ステッカーの申請手数料は，JARL会員が500円（国外からの申請はIRC 4枚）で非会員が1,000円（国外からの申請はIRC 8枚）です．同一アワードのステッカーを複数枚同時に申請する場合，枚数にかかわらずJARL会員が500円（非会員1,000円）で発行するのでお得です．

申請手数料の支払いは，銀行振込，郵便振替，定額小為替，普通為替，現金書留での郵送も可能です．また，事務局窓口に直接持参することもできます．

郵便振替をご利用の場合は，次の郵便振替口座あてに「○○アワード申請料」と明記のうえ，振込送金してください．

郵便振替口座…00120-2-318694
口座名…一般社団法人日本アマチュア無線連盟

銀行振込をご利用の場合は，次の口座あてに「○○アワード申請料」と通信欄に明記のうえ，お振り込みください．

- 三菱東京UFJ銀行　駒込支店　当座預金：9003391
イッパンシャダンホウジン　ニホンアマチユアムセンレンメイ
- ゆうちょ銀行　コード：9900　店番：019

第3章　完成を目指したいアワード一覧

当座預金：0318694

イッパンシヤダンホウジン ニホンアマチユアム センレンメイ

申請書送付先は次のとおりです．

郵送…〒170-8073（東京都豊島区南大塚3-43-1大塚HTビル6階）JARLアワード係（郵便番号を正確に記載していればカッコ内の住所は不要）

E-Mail…award@jarl.org

　Web上から直接申請する電子申請は簡単なので，ぜひ利用してみてください．申請方法は，**コラム2**またはJARLのWebサイト内の「JARL発行アワードの紹介」のページ（**http://www.jarl.org/Japanese/1_Tanoshimo/1-2_Award/Award_Main.htm**）をご参照ください．　　　（de JH1IED）

コラム2　JARLアワードの電子申請

　JARLアワードはWebサイト上から申請が可能です．手軽で郵送料も不要，時間も短縮できると良いことずくめ．これを利用しない手はありません．

　以下に，申請方法を紹介しますので，ぜひチャレンジしてください．

● QSLカード・リストの準備

　最初にQSLカード・リストを準備します．受け付けられるQSLカード・リストの形式はテキストやエクセル，ワード，一太郎，PDFのいずれかですが，エクセル形式を推奨します．JARL Webのアワードのページからダウンロードできるので，これを利用しましょう．

　Microsoft Officeをお持ちでない方は，Open Office.org[※1]などの互換性があるフリーソフトでも，このエクセル・ファイルを利用できます．互換ソフトウェアで作ったファイルも受け付けてもらえます．

● 電子申請のページへのデータ入力

　「JARL発行アワードの紹介」のページから「Web上から直接申請する方法」のリンクをクリックすると「JARL発行アワードの電子申請」のページが開きます（**図3-A**）．ここにある必要な欄をすべて入力していきます．「申請手数料」の項目は，郵便振替もしくは銀行振込が楽でいいと思います．

　QSLカード・リストは，「ファイルを選択」をクリックして，先ほど保存したQSLカード・リストのファイルを選びます．「開く」をクリックすると，QSLカード・リストが添付されます．最後に「送信」をクリックして終了です．

　何か不備があると申請画面に戻るので，指示に従って再入力してもう一度「送信」をクリックします．

　しばらくすると，入力したE-Mailのアドレスあてに受付完了のメールが届き，最上部に受付番号が記載されています．申請料の支払い時に必要なので，メモを取っておいてください．

● 申請手数料の支払い

　申請手数料の支払いは，定額小為替の送付，JARLへ直接出向く，郵便振替や近くのATMでの銀行振り込み，ネットバンキングの利用などが可能です．その際，通信欄に先ほど控えた受付番号を記載します．

　送金が終了すれば，すべて完了です．あとはアワードの到着を待ちましょう．

図3-A　JARL発行アワードの電子申請

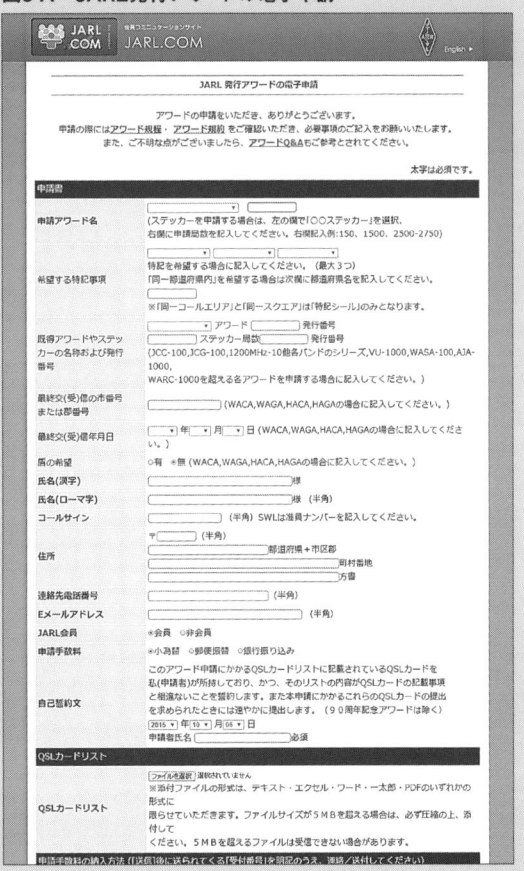

※1　http://www.openoffice.org/ja/

3-2 最初に完成を目指したいアワード BEST 30

入門者向けお勧めアワード

開局して間もない，または交信局数が多くない場合，手持ちのQSLカードでは申請できるアワードは限られます．ここでは比較的安易なルールのアワードを集め，これからアワードハントを始めたい方へのルート・ガイドをお届けします．

なお，これらのアワードは，すべてジャパン・アワードハンターズ・グループ（JAG）の入会審査で認められるアワード（入会認定アワード）に含まれています．本稿のアワードをすべて取得すれば，JAG入会条件を満たします．なお，用語の説明は，p.19をご参照ください．

430MHz-100

局数収集

発行者：JARL
ルール：430MHzで100局以上のアマチュア局と交信してQSLカードを得る．
ワンポイント・アドバイス：最初にこのアワードの完成を目指しましょう．交信したすべての相手局から速やかにQSLカードが届くとは限りませんから，100局交信できたからといって安心せず，どんどん交信数を増やしましょう．交信数が多ければ多いほど，早い時期に100枚のQSLカードが集まります．またこのアワードが完成したときには，本稿で紹介しているアワードがいくつも完成しているに違いありません．

このアワードの詳細やデザインは，p.65に掲載の「430MHz-100」をご覧ください．

ISOCアワード

つづり字

発行者：ISOC
発行開始：1978年1月1日
発行数：未回答
SWL：発行する
外国局：発行する（US 5ドル）
アワードのサイズ：20×50cm
ルール：SSBで得たQSLカードのテールレターで「ISOCSSBJATOP」とつづる．
特 記：バンド，モード
申 請：申請書B＋500円

〒080-2473 帯広市西23条南4丁目28-5
宮田 旭（JH8DEH）
E-Mail…miyata8877@yahoo.co.jp

ワンポイント・アドバイス：SSBの交信が条件なので，HF帯以外では50/144MHz SSBがお勧めです．

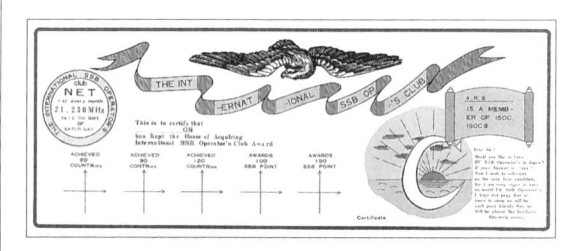

100局交信賞

局数収集

発行者：岐阜CW DXerクラブ
発行開始：2012年2月10日
発行数：877枚

第3章　完成を目指したいアワード一覧

SWL：発行しない
アワードのサイズ：A4
ルール：一つの地域の異なる100局のアマチュア局と単一バンド，モードで交信する．

地域とは，WACで定める6大陸（州），国，都道府県とする．他県からの移動もOK．アジアに日本は含めない．地域ごとに番号を付与．バンド，モードごとにNo.1を付与．交信のみでQSLカードの取得は不要．QSOリストは重複を避けるためコールサイン順に記入．6大陸および10か国ごと，日本10エリア，5バンド以上で受賞者は自動的に副賞の表彰状を，全都道府県完成者には楯を発行する．一つの地域から移動運用を行って100局と交信する移動100局交信賞，100局以上のDX局と交信するDX交信賞もある．

申請：申請書C＋500円
ゆうちょ銀行振込可，12490-21609921 または店名 二四八 普通預金 2160992 林 浩（ハヤシヒロシ）住所を書いた返信用ラベルを同封．申請書はWebサイトからダウンロードできる．
〒502-0851 岐阜市鷺山2101-2　林 浩（JA2GCW）
E-Mail…ja2gcw@jarl.com　電子申請も可．
URL：http://gifucwdx.atukan.com

ワンポイント・アドバイス：完成の早道は移動100局交信賞を目指すことです．見晴らしの良い場所からV/UHFのFMで運用したり，移動運用でコンテストに参加したりすれば，1日での完成も十分狙えるでしょう．

ABIKO AWARD

つづり字

発行者：JH1KMC 尾内 保之
発行開始：2013年11月1日
発行数：117枚
SWL：発行する
外国局：発行する（IRC 3枚）
アワードのサイズ：A4
ルール：異なる局から取得したQSLカードのコールサインの1文字で「ABIKO」とつづる．
クラス1…プリフィックスの最初の文字でつづる
クラス2…異なる5バンドを使用し，サフィックスのいずれか1文字でつづる
クラス3…トップレター，ミドルレター，テールレターで1組ずつつづる．15枚で完成

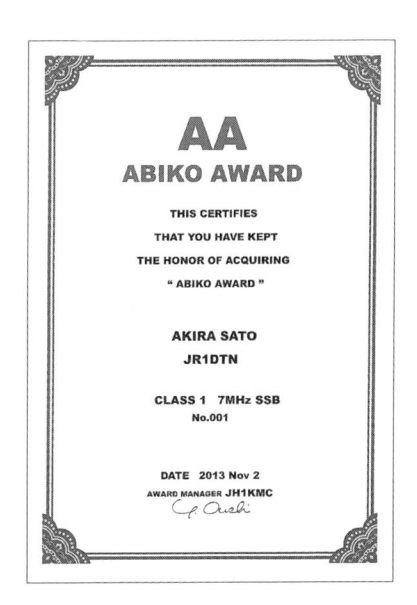

特 記：希望事項

申 請：申請書C＋300円

〒270-1132 我孫子市湖北台3-11-4-301

尾内 保之(JH1KMC)

E-Mail…jh1kmc@jarl.com

URL：http://jh1kmc.blogspot.jp/2013/10/blog-post.html

ワンポイント・アドバイス：クラス2は，最少5局との交信で完成するのでHFをマルチバンドで運用している局はこれが狙いやすいでしょう．V/UHFのみに運用している局はクラス3の完成を目指してください．

JAG創立30周年記念アワードⅠ

つづり字

発行者：ジャパン・アワードハンターズ・グループ(JAG)

発行開始：2006年8月19日

発行数：370枚

SWL：発行する

外国局：発行する(IRC 3枚)

アワードのサイズ：A4

ルール：2006年1月1日以降の交信で得た30枚のQSLカードのサフィックスのいずれか1文字を使い「AWARD OF THE THIRTIETH ANNIVERSARY」とつづる．

特 記：希望事項

申 請：申請書＋300円(定額小為替またはゆうちょ銀行)

ゆうちょ銀行 15430-20899231 クロサキユリコ
他行からは，店名548 店番548 番号2089923

〒700-0003 岡山市北区半田町12-6

黒崎 百合子(JR4IKP)

E-Mail…jr4ikp@jarl.com

URL：http://www.jarl.com/jag/

ワンポイント・アドバイス：合計30字は，つづり字アワードの中でも文字数が多い部類に入ります．しかも重複する文字が多いので，たくさん交信して必要な文字を集める必要があります．

JAG創立30周年記念アワードⅡ

つづり字

発行者：ジャパン・アワードハンターズ・グループ(JAG)

発行開始：2006年8月19日

発行数：390枚

SWL：発行する

外国局：発行する(IRC 3枚)

アワードのサイズ：A4

ルール：JAGメンバー1局と交信してQSLカードを得るとともに，3枚のQSLカードのサフィックスのいずれか1文字で「JAG」とつづる．合計4枚のQSLカードで完成．2006年1月1日以降

第3章　完成を目指したいアワード一覧

の交信が有効.
特 記：希望事項
申 請：申請書＋300円
（定額小為替またはゆうちょ銀行）
ゆうちょ銀行 15430-20899231 クロサキユリコ
他行からは，店名548 店番548 番号2089923
〒700-0003 岡山市北区半田町12-6
黒崎 百合子（JR4IKP）
E-Mail…jr4ikp@jarl.com
URL：http://www.jarl.com/jag/
ワンポイント・アドバイス：JAGメンバー局のQSLカードは，ライオンのマークが目印です．アクティブな局が多いので，メンバー局との交信は容易にできると思われます．

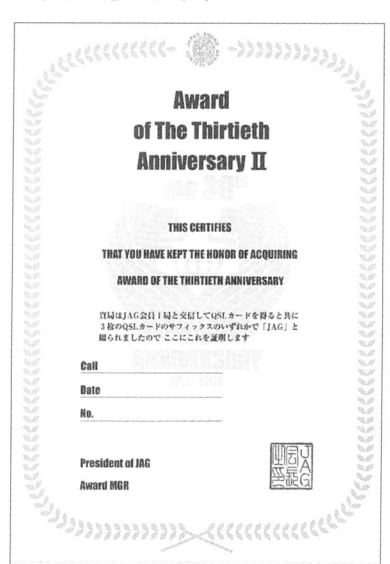

NORTHERN FOX AWARD
【つづり字】
発行者：ノーザン・フォックス・ハムクラブ
発行開始：1994年1月
発行数：1,177枚

SWL：発行する
外国局：発行する（US 5ドル）
アワードのサイズ：B4
ルール：テールレターを使い「NORTHERN FOX AWARD」と次の条件でつづる.
クラスA…任意の局のQSLカード
クラスS…社団局のQSLカード
クラスEX…クラスAまたはSを完成させ，JH8ZGRを1枚取得する，またはノーザン・フォックス・ハムクラブのメンバー局のQSLカードを3枚取得する
特 記：バンド，モード
申 請：申請書A＋500円
〒005-0004 札幌市南区澄川4条5丁目11-12
菊池 えい子（JG8PAV）
E-Mail…jg8dsr@jarl.com
メンバー・リストはSASEで請求.
ワンポイント・アドバイス：完成させやすいのはクラスA．ただし重複している文字が多いので，思いのほか完成に手こずるかもしれません．

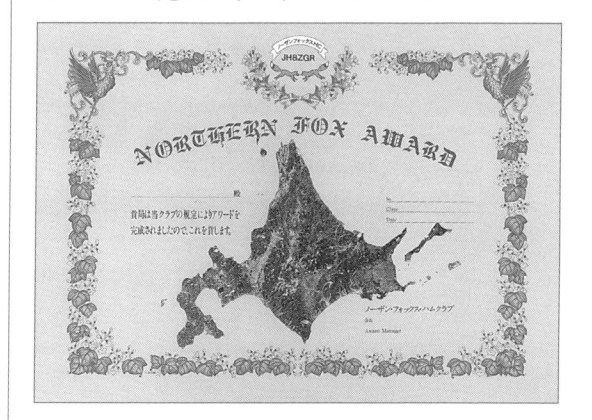

RL AWARD
【つづり字】【コールサイン】
発行者：JH1XUP 前田 吉実

発行開始：1984年10月
発行数：437枚
SWL：発行する
外国局：発行する（IRC 10枚）
アワードのサイズ：A4
ルール：次の局と交信してQSLカードを得る．
クラスAA…JA1〜JA0RL＋JR6RL＋8J1RLと6大陸よりRLのサフィックスのQSLカード（例 DJ1RL）各1枚，計18枚
クラスA…JAのRL局を10局＋8J1RL，計11枚
クラスB…JAのRL局5枚
クラスC…テールレターで「JARL MUSASHINO CLUB」とつづる
クラスAAには無料で楯を贈る．
特記：バンド，モード
申請：申請書B＋500円
ハンディキャップのある方は無料．
〒181-0001 三鷹市井の頭2-18-15
前田 吉実（JH1XUP）
E-Mail…jh1xup@jarl.com

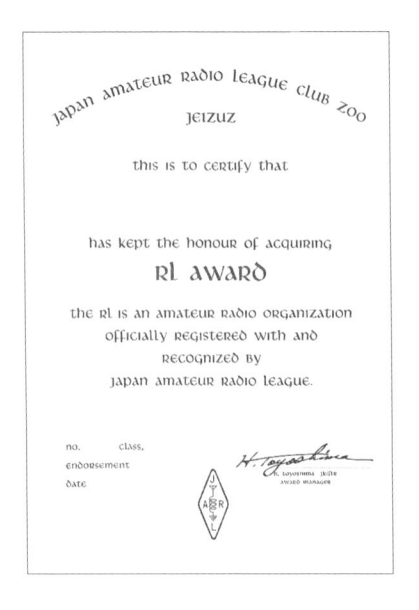

ワンポイント・アドバイス：クラスCが最も完成させやすいですが，JARL地方局JAxRLもアクティブに運用しているので，クラスBに挑戦してみるのもいいかもしれません．

THAG FM AWARD

つづり字

発行者：天領日田アワードハンターズグループ（THAG）
発行開始：2001年1月1日
発行数：57枚
SWL：発行する
外国局：発行する（IRC 8枚）
アワードのサイズ：A4
ルール：国内外とFM（F3E）モードで交信して得たQSLカードのテールレターで「THAG FM AWARD」とつづる．
FMの文字はYL局でつづり，サフィックスのどの文字でも使用可．2001年以降の交信が有効．THAGメンバーは，FMの文字を除くどの文字にも，

78　アマチュア無線 アワードハント・ガイド

第3章 完成を目指したいアワード一覧

バンド，モードに関係なく代用可（YLメンバーはFM文字にも代用可）．メンバー・リストはWebサイトを参照．

申請：申請書C＋400円

〒877-0047 日田市中本町6-13　井上 信行（JR6QJR）

E-Mail…jr6qjr@jarl.com

URL：http://www.jarl.com/thag/

ワンポイント・アドバイス：YL局でつづる「FM」の文字はトップレターでもミドルレターでもOKです．とにかくYL局を探してください．

石川賞

地域収集　つづり字

発行者：中村 良三

発行開始：1992年1月1日

発行数：517枚

SWL：発行しない

外国局：発行しない

申請者の移動範囲制限：同一都道府県

アワードのサイズ：B5

ルール：次のようにQSLカードを得る．

加賀藩百万石賞…石川県局による石川県全市全郡＋100局

全市全郡賞…石川県局による石川県全市全郡

全市賞…石川県局による石川県全市

全郡賞…石川県局による石川県全郡

大聖寺藩十万石賞…任意のミドルレターで「ISHIKAWA」とつづる

石川県局とは，住所が石川県とQSLカードに明記してある他エリア局を含む．

特記：バンド，モード，固定局．

申請：申請書C＋300円

〒922-0864 加賀市大聖寺西栄町6甲63-6　中村 良三

E-Mail…dimanche@smile.ocn.ne.jp

ワンポイント・アドバイス：狙い目は大聖寺藩十万石賞．重複する文字はありますが，難易度は低めです．この賞以外は，難易度が大きく上がります．

岩手雪まつり40周年記念アワード

つづり字

発行者：岩手駐屯地ハムクラブ

発行開始：1981年9月20日

発行数：147枚

SWL：発行する

外国局：発行しない

アワードのサイズ：A4

ルール：テールレターで「IWATE YUKIMATURI 40」とつづる．

「40」は岩手県内2局を充当する（144MHz以上で完成の場合，自局と同一都道府県の2局とする）．1968年以降の1月1日〜2月末日の交信で得たQSLカードが有効．必ず一つ以上の特記（バンド，モードなど）を含むこと．

アマチュア無線 アワードハント・ガイド | 79

申 請：申請書C＋定形外100gぶんの切手（B/Pは切手不要）．

〒020-0601 岩手県滝沢市後268-433
岩手駐屯地ハムクラブ 伊藤 勝

ワンポイント・アドバイス：一つ以上の特記が必要なので，144MHzや430MHz，SSBやFMといった特記が完成の早道です．交信期間は毎年1月〜2月なので，お正月のQSOパーティへ参加して完成させましょう．

尾道21世紀アワード

つづり字

発行者：722ハムクラブ
発行開始：2001年4月1日
発行数：210枚
SWL：発行する
外国局：発行しない
アワードのサイズ：A4
ルール：トップレターまたはテールレターのどちらか一方で「ONOMICHI 21ST CENTURY」とつづる．
尾道賞…数字の「2」と「1」は722ハムクラブ員のQSLカードであること
桜 賞 …数字の「2」と「1」は尾道局（移動運用を含む）のQSLカードであること
奇祭賞…数字の「2」は自局エリアのQSLカード，「1」はほかのエリアのQSLカードであること

特 記：バンド，モードほか希望事項．
申 請：申請書C＋500円
（定額小為替またはゆうちょ銀行）
ゆうちょ口座 15140-28943941
他行からは，ゆうちょ銀行 518店 2894394
名義人 722ハムクラブ
〒729-0321 三原市木原2-13-24 古城 朋和（JJ4KME）
E-Mail…jj4kme@jarl.com
参 考：2001年1月1日以降の交信が有効．
URL：**http://www.jarl.com/hc-722/**

ワンポイント・アドバイス：トップレターとテールレターの混在は認められません．どちらかだけでつづります．このアワードはクラスごとにデザインが異なります．まずは奇祭賞の完成を目指してください．その後，デザインが異なる残りの2賞にチャレンジしましょう．

大牟田大蛇山まつり賞

つづり字

発行者：有明南筑ハムクラブ
発行開始：1996年9月3日
SWL：発行する
外国局：発行する（IRC 8枚）
発行数：289枚
アワードのサイズ：A4
ルール：テールレターで「OMUTADAIJA」とつづる．
大牟田市在住局またはJF6ZDIおよびメンバーのQSLカードは2文字まで代用可．1996年7月1日以降の交信が有効．
申 請：申請書A＋82円切手6枚
〒837-0916 大牟田市田隈5-6　井上 滋（JE6ONQ）
E-Mail…je6onq@jarl.com
ワンポイント・アドバイス：「A」が3個必要なので積極的に探して交信しましょう．

咸臨丸賞

地域収集 **つづり字**

発行者：フタバハムクラブ
発行開始：1986年1月18日
発行数：181枚
SWL：発行する
外国局：発行する（IRC 10枚またはUS 4ドル）
申請者の移動範囲制限：同一エリア
アワードのサイズ：B4
ルール：次のクラスに適合する日本国内の異なる43局と交信する．43局との交信は連続した43日の交信であり，かつ，交信日が異なるものであること．
クラス咸臨丸…横須賀市と長崎市を含む，異なる43都道府県の局と交信する
クラス愛宕山…異なる43プリフィックスと交信する
クラス浦賀奉行…V/UHF以上の周波数を使用し，異なる43の市郡区の局と交信する．43局はそれぞれ市郡区単位で完成するものとし，ミックスは認めない
クラス燈明台…上記ルールにかかわらず，サフィックスのいずれかの文字で「KANRINMARU」とつづる．ただし，使用できる文字は同一年内において2文字までとする．サフィックスのいずれの文字でつづってもよいが，10文字すべてが同一のレターであること（ミックスは不可）．
特 記：バンド，モード
参 考：DX局は交信日の制限をなくした「クラス咸臨丸」を完成させることとする．
クラブ員より発行されたアワードと同じデザインのQSLカードは，全クラスの条件に代用できるものとし，ほかのデザインのQSLカードは，クラス愛宕山，浦賀奉行，灯明台の条件にのみ代用できる．代用は1枚のみ有効．代用は朱書か会員№を明記すること．
申 請：申請書B＋300円（JARL非会員は500円）＋定形外100gぶんの送料

〒238-0051 横須賀市不入斗町1-69
只井 昭一(JJ1JIS)
TEL…046-824-8290　E-Mail…jj1jis@jarl.com
ワンポイント・アドバイス：クラス燈明台が最も簡単ですが，完成まで最低5年かかります．これから交信して完成させるというよりも，これまでに届いたQSLカードを探して完成させるアワードでしょう．そのほかのクラスは，かなり上級者向けです．

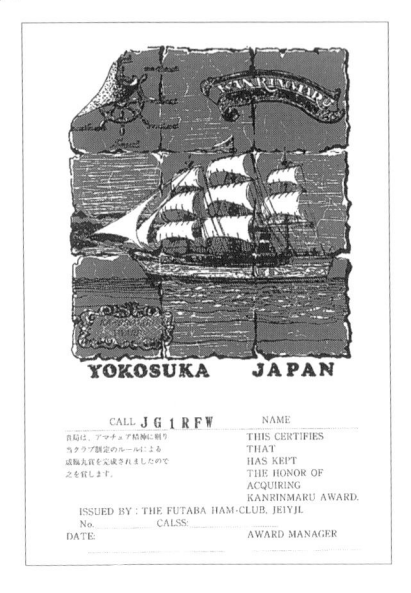

北九州市賞

`地域収集` `つづり字`

発行者：北九州市職員文化体育協議会，北九州市職員アマチュア無線クラブ

発行開始：1984年10月

発行数：700枚

SWL：発行する

外国局：発行する(IRC 6枚)

アワードのサイズ：A4

ルール：次の条件を満たすように交信してQSLカードを得る．

GOLDクラス…北九州市内7局

SILVERクラス…10局のQSLカードのテールレターで「KITAKYUSHU」とつづる

特記：希望事項(バンド，モード，7区完成など)．

申請：申請書B＋400円(定額小為替)，切手は450円ぶん．

〒804-0082 北九州市戸畑区新池2-12-5-1205
北川 泰志(JI6BFF)
E-Mail…ji6bff@jarl.com

ワンポイント・アドバイス：SILVERクラスが完成させやすいですが，北九州市の局は多いのでGOLDクラスもそれほど難易度は高くありません．両方狙ってみてください．

JARL倉敷クラブ創立30周年記念アワード

`つづり字`

発行者：JARL倉敷クラブ

発行開始：1989年7月1日

発行数：771枚

SWL：発行する
外国局：発行する（US 10ドル）
アワードのサイズ：A4
ルール：テールレターで「JARL KURASHIKI CLUB」とつづる．
倉敷クラブ30周年記念QSLカードはどの文字にも代用できる．1959年9月13日以降の交信が有効．バンド，モードが異なっても，同一局は1回のみ有効．
特記：バンド，モード
申請：申請書C＋500円
〒719-1126 総社市総社1360-4
光成 清志（JL4TTY）
E-Mail…jl4tty@jarl.com
URL：http://www.jarl.com/ja4yab
ワンポイント・アドバイス：17文字でアワードが完成します．文字数は少し多めで重複は6個もありますが，「430MHz-100」が完成していればだいたいの文字が含まれていると思います．足りない文字の局を探して交信しましょう．

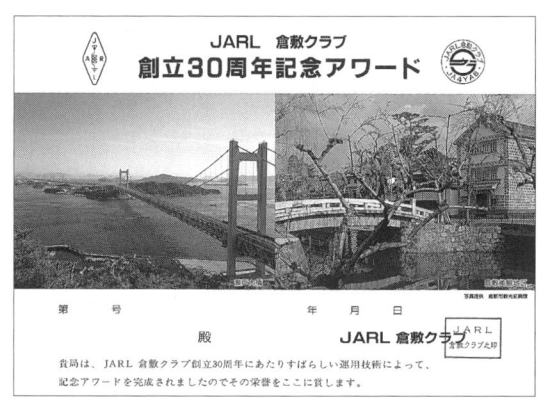

こま犬賞

地域収集　つづり字

発行者：アイボリーコーストハムクラブ

発行開始：1994年2月1日
発行数：567枚
SWL：発行する
外国局：発行する（IRC 5枚）
アワードのサイズ：A4
ルール：取得したQSLカードのトップレターで「KOMAINUSHOU」とつづる．
クラスA…つづりにAJDを含み，瑞浪市と高浜市各1局を加え計13枚で完成
クラスB…つづりを岐阜県内運用局で完成し，瑞浪市または高浜市の1局を加え計12枚で完成
クラスC…つづりを任意の局で完成
特記：バンド，モード，AJD，全岐阜県内局，YL局など．
申請：申請書C＋400円（小額切手可）
〒509-6101 瑞浪市土岐町2640
遠山 英俊（JL2HRX）
TEL…0572-68-4085　FAX…0572-67-1519
ワンポイント・アドバイス：もっとも難易度が低いのはクラスCですが，HFの運用を行っているな

ら，少し背伸びをしてクラスAも狙ってみましょう．

さよなら広尾線賞

`地域収集` `つづり字`

発行者：十勝アワードグループ

発行開始：1987年7月

発行数：576枚

SWL：発行する

外国局：発行する（IRC 5枚）

申請者の移動範囲制限：同一都道府県

アワードのサイズ：A4

ルール：次の条件を満たすように交信してQSLカードを得る．

クラスA…旧広尾線沿線の7市町村各1枚＋8エリア局48局

クラスB…旧広尾線沿線の4市郡各1枚＋8エリア局13局

クラスC…任意のQSLカードのテールレターで「AIKOKU KOFUKU」とつづる

7市町村は，帯広市，中川郡幕別町，河西郡中札内村・更別町，広尾郡忠類村（合併により中川郡幕別町でも可），大樹町，広尾町．

特記：バンド，モード，QRP．

申請：申請書B＋500円（B/P無料，190円切手のみ）

〒080-2474 帯広市西24条南3丁目17-1

伊吹 公文（JR8LRL）

E-Mail…jr8lrl8@yahoo.co.jp

ワンポイント・アドバイス：クラスCの完成には「K」が4個，「U」が3個，「O」が2個必要です．重複する文字の局を中心に探しましょう．

さくらんぼ賞

`つづり字`

発行者：福島アマチュア無線クラブ

発行開始：1982年9月1日

発行数：621枚

SWL：発行する

外国局：発行する（US 5ドル）

アワードのサイズ：A4

ルール：テールレターで「CHERRY」と2組つづる．

クラスA…女性（YL）局で1組，福島県内男性局で1組完成する

クラスB…女性（YL）局で1組，任意の男性局で1組完成する

クラスC…女性（YL）局のQSLカードを1枚含む任意のQSLカードでつづり，それを2組完成させる

同一局はバンドが異なれば有効．JA7YDAメンバーはどの条件にも1回のみ代用できる．メンバー・リストはSASEで請求する．

特記：バンド，モード

申請：申請書C＋500円

〒960-0201 福島市飯坂町寺畑1-1

藍原 伴子（JE7GNQ）

ワンポイント・アドバイス：クラスCを目指し，まずYL局と交信しましょう．「R」は4個必要なので，この局を積極的に探してください．

新龍馬賞

`地域収集` `つづり字`

発行者：高知アワードハンターズグループ（KAHG）

発行開始：2002年2月1日　**発行数**：208枚

SWL：発行する

外国局：発行しない

アワードのサイズ：A4

ルール：クラス脱藩以外は①と②のQSLカードを所持していること．

① 基本ルール…SAKAMOTO RYOMA（坂本龍馬），NAKAOKA SHINTARO（中岡慎太郎），TAKECHI HANPEITA（武市半平太）をつづる

② 基本ルールの人名を任意のサフィックス（トップ，ミドル，テールのいずれかのレターを使用しても良い）の1文字で次のようにつづる．

クラス龍馬…上記3名を高知県内局

クラス高知城…上記2名を高知県内局

クラスはりまや橋…上記1名を高知県内局

クラス脱藩…①，②の条件にかかわらず，任意のQSLカードのテールレターで「SAKAMOTO RYOMA」とつづる．計13枚

高知アワードハンターズグループ・メンバーのQSLカードはどの文字にも代用可．代用の場合は備考欄にジャパン・アワードハンターズ・グループの会員番号（JAG#）を記入のこと．どの文字にも代用可能な局リストはWebサイトを参照．11月15日（坂本龍馬の誕生日・命日）の交信は高知県外の局であっても有効．

特記：バンド，モード

申請：申請書B＋500円

〒781-6401 安芸郡奈半利町甲87-2

田村 隆一（JH5RMW）

URL：http://www.jarl.com/kahg/

ワンポイント・アドバイス：もっとも完成させやすいのはクラス脱藩です．坂本龍馬の名をつづり，幕末のヒーローに思いを馳せてみましょう．

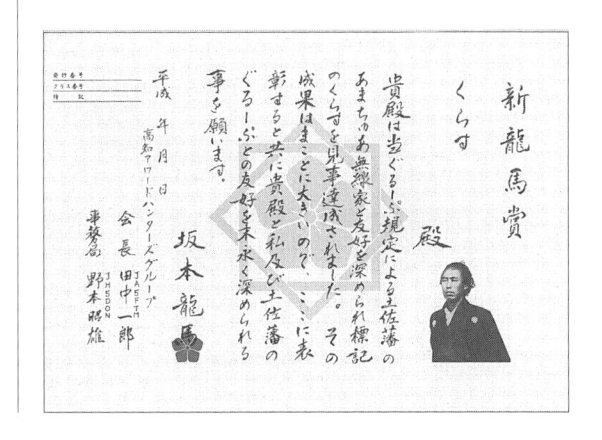

砂町クラブ賞

つづり字

発行者：砂町クラブ
発行開始：1975年1月　**発行数**：1,004枚
SWL：発行する
外国局：発行しない
アワードのサイズ：B5
ルール：取得したQSLカードで次の条件の文字をつづる．

WORLD賞…日本以外の局のQSLカードのテールレターで「SUNAMACHI OF WORLD」

JAPAN賞…AJDを含む日本国内で運用する局のQSLカードのテールレターで「SUNAMACHI OF JAPAN」

LOCAL賞…申請者と同エリアで運用する，同じエリアのプリフィックスを持つ局のQSLカードのテールレターで「SUNAMACHI LOCAL」とつづる

SUNAMACHI賞…任意の局のテールレターで「SUNAMACHI CLUB」

砂町クラブ員のQSLカードは1枚に限り不足文字に代用できる．旧クラブ員も有効．クラブ員リストは，Webサイトを参照．

特記：希望事項．
申請：申請書C＋400円（切手は440円ぶん）＋自局QSLカード
〒132-0024 江戸川区一之江6-5-4
渡辺 重夫（JO1CZT）
URL：http://ja1yvq.web.fc2.com/
ワンポイント・アドバイス：LOCAL賞とSUNAMACHI賞の難易度はどちらも変わりません．V/UHFならLOCAL賞，HFならSUNAMACHI賞が完成させやすいでしょう．

まほろば賞

つづり字　**文字収集**

発行者：奈良フレンズクラブ
発行開始：1977年4月1日　**発行数**：1,230枚
SWL：発行する
外国局：発行する（IRC 7枚またはUS 6ドル）
申請者の移動範囲制限：同一都道府県
アワードのサイズ：A4
ルール：奈良県内局のトップレターでA～Zの26文字のQSLカードを集める．

クラスEX…奈良県内の10市郡を含むA～Zの26枚
クラスA…奈良県内の5市郡を含むA～Zの26枚
クラスB…A～Zの26枚のうち，任意の13文字（13枚）
クラスC…A～Zの26枚のうち，任意の8文字（8枚）
ジュニアクラス…任意の局のテールレターで「MAHOROBA」とつづる

海外局の申請はクラスCをEXとする．EXは，未交信2文字まで県内YL局で代用可．

特記：バンド，モード，オールYL．

第3章　完成を目指したいアワード一覧

申請：申請書B＋500円（B/H無料）
〒630-8291 奈良市西笹鉾町13　松谷 倫男（JE3IAC）
E-Mail…je3iac@jarl.com
参考：QSLカード・リストには地区名を明記．EX申請者の1位〜5位，100，200，300位…に副賞を贈る．
ワンポイント・アドバイス：お勧めはジュニアクラスです．このクラスだけテールレターでつづるので注意．8文字だけなので難易度は低めです．

滝川しぶき祭賞

`地域収集` `つづり字`

発行者：滝川エブリィナイトハムクラブ
発行開始：1988年12月1日　**発行数**：574枚
SWL：発行しない
外国局：発行しない
アワードのサイズ：B5
ルール：テールレターで「TAKIKAWASHIBUKI」とつづる．
クラスA…8エリアの局15局
クラスB…任意の局でつづり，かつAJDも完成する
クラスC…任意の局でつづる
特記：バンド，モード
申請：申請書A＋500円
〒073-0043 滝川市幸町1-1-37　石元 滋（JH8EZK）
E-Mail…yumesorachi@yahoo.co.jp
ワンポイント・アドバイス：完成させやすいのはクラスCですが，HFを運用している局ならクラスBでもそれほど難易度は高くないと思われます．「A」「I」「K」がそれぞれ3個ずつ必要なので，まずこの3文字の局を探しましょう．

苫小牧賞

`つづり字`

発行者：苫小牧アマチュア無線クラブ
発行開始：1983年5月1日　**発行数**：1,133枚
SWL：発行する
外国局：発行する（US 5ドル）
アワードのサイズ：A4
ルール：テールレターで「TOMAKOMAI」とつづり，苫小牧在住局を1局加え，計10枚のQSLカードを得る．144MHz以上のバンドで申請の場合は，苫小牧在住局を自局エリアのYL局で代用できる．苫小牧在住局または代用YL局の交信は1983年4月1日以降が有効．

特記：希望事項

申請：申請書A＋500円

〒053-0055 苫小牧市新明町4-15-5

清水 清（JH8CGU）

TEL…0144-55-6734

E-Mail…jh8cgu@jarl.com

ワンポイント・アドバイス：完成させやすい144MHz以上のバンドを目指しましょう．

NKDXC AWARD

つづり字

発行者：北九州DXクラブ

発行開始：1963年12月1日　発行数：5,431枚

SWL：発行する

外国局：発行する（IRC 5枚）

アワードのサイズ：B5

ルール：テールレターで「NORTHERN KYUSHU DX CLUB」とつづる．

特記：バンド，モード

申請：申請書B＋300円

〒805-8691 北九州市八幡中央郵便局私書箱11号 北九州DXクラブ

E-Mail…NKDXC@jcom.home.ne.jp

ワンポイント・アドバイス：交信バンドに制限はありませんから，V/UHFで交信していきましょう．

SL義経賞

つづり字

発行者：渡辺ファミリークラブ

発行開始：1991年12月　発行数：445枚

SWL：発行する

外国局：発行する

アワードのサイズ：A4

ルール：テールレターで「SL YOSHITUNE」とつづる．

88　アマチュア無線 アワードハント・ガイド

特記：バンド，モード，YL，QRP．
申請：申請書C＋300円
〒676-0811 高砂市竜山1-1-14 渡辺 敏歩
ワンポイント・アドバイス：乗り物がデザインされたアワードは高い人気があります．義経の「つ」は「TU」とつづり「S」は不要です．

Worked Tokachi Award

`つづり字`

発行者：十勝アマチュア無線クラブ
発行開始：1972年　**発行数**：4,252枚
SWL：発行する
外国局：発行する（IRC 10枚）
アワードのサイズ：B4
ルール：7枚のQSLカードのテールレターで「TOKACHI」とつづる．
特記：バンド，モード
申請：申請書B＋500円
（ステッカーは200円＋SASE）
〒080-0000 帯広郵便局私書箱1号
十勝アマチュア無線クラブ
ワンポイント・アドバイス：つづるのは7文字だけです．しかも重複する文字はありませんから，早期に完成できると思われます．ここで紹介しているアワードでは最も難易度が低い部類に入ります．

八戸三社大祭賞

`地域収集` `つづり字`

発行者：JI7WTK 太田 光彦
発行開始：1993年3月10日
発行数：493枚
SWL：発行する
外国局：発行する（クラスA…IRC 3枚，B…IRC 5枚）
アワードのサイズ：A4
ルール：テールレターで「SANSYATAISAI」とつづる．
クラスA…八戸市を含む青森県内局
クラスB…任意の局
特記：バンド，モード
申請：クラスA…申請書A＋190円切手．クラスB…申請書B＋500円
〒039-3116 上北郡野辺地町赤坂63-15
太田 光彦（JI7WTK）
参考：JI7WTKまたは八戸市内8局で不足1文字に代用可．
ワンポイント・アドバイス：目指すのはクラスBです．「S」が4個，「A」が3個必要なので，この文字の局を積極的に探しましょう．

第3章　完成を目指したいアワード一覧

アマチュア無線 アワードハント・ガイド | 89

パンダアワード（大熊猫賞）

その他

発行者：144.170グループ
発行日：1997年4月　**発行数**：184枚
SWL：発行しない
外国局：発行しない
アワードのサイズ：A4
ルール：アマチュア局1局を1ポイントとして1,000ポイントとなるようにQSLカードを得る．異なるプリフィックスをマルチとして，次の計算式でポイントを算出する．

（局数）×（プリフィックスの数）＝1,000ポイント以上

クラスSX…144MHz SSBのみにて完成
クラスEX…上記以外のバンドやモードにて完成

特記：バンド，モード
申請：申請書C＋300円
〒299-4205 長生郡白子町南日当1347-14
川嶋　経法（JH1WXG）
E-Mail…mk154649@coral.plala.or.jp

ワンポイント・アドバイス：100局×10プリフィックス＝1,000ポイントになるので，430MHz-100が完成していればおそらくクラスEXは完成していると思われます．144MHz SSBを楽しんでいる人なら，クラスSXでもすぐに完成するでしょう．

ぼたんアワード

つづり字

発行者：東松山比企ハム愛好会
発行開始：1999年5月1日　**発行数**：320枚
SWL：発行する　**外国局**：発行する（IRC 4枚）
アワードのサイズ：A4
ルール：次の①または②のいずれかで完成．
① 取得QSLカードのテールレターで「BOTAN AWARD」とつづる＋YL1局，計11枚のQSLカードを得る
② ぼたんアワード発行記念QSLカードを1枚得る

特記：バンド，モードのほか希望事項．
申請：申請書C＋500円
〒355-0072 東松山市石橋1548-5
大塚　敏郎（JA1POE）

ワンポイント・アドバイス：10文字のうち，3個重複している「A」をまず見つけましょう．併せてYL局も探してください．

第3章　完成を目指したいアワード一覧

コラム3　電子QSLカード・システム　eQSLの勧め

世の中は電子化が進んでいますが，アマチュア無線の世界でも，QSLカードを電子化して交換する動きが加速しています．

● eQSLとは

世界中のアマチュア無線家に愛用されている「eQSL」は，N5UP David L. Morrisさんによって開発されたシステムです．WebサイトにはeQSLの目的が次のように書かれています．

「eQSLは，ほかに類を見ないアマチュア無線家とSWLを結ぶ，初めての世界的なQSLカード交換システムです．半世紀以上続く紙のQSLカードに比べ，より早く，より簡単に，より安くQSLカードを交換できます．ARRLの会員数を超えるユーザーを有するeQSLは，誰もが早く簡単にQSLカードを交換できる場を提供します」

● eQSLの利用

eQSLは，世界的なQSLカード交換システムですが，国内交信でのQSLカードも盛んに行われています．早ければ，交信した当日にQSLカードが届くこともあります．

届いたQSLカードを印刷すれば，JARLアワードにも有効です．アワードに必要なデータだけをプリントアウトすれば，QSLカードの置き場にも困らないでしょう．

eQSLの基本的な利用は無料です．しかし，有料会員になると，オリジナルのQSLカード・デザインが利用できる，eQSL内で発行されているアワードに参加できるなどの特典があります．

● eQSLでのQSLカード交換

eQSLでは，「ADIF※1」形式の交信データをサーバにアップロードすれば，自局のアカウント内でデザインしたQSLカードを相手局に届けられます．同様に相手局からも送ってきます．もしどちらかがQSLカードを送っていなくても，その相手局にQSLカードは届きます．

交信相手がeQSLを利用しているかどうかがわからなくても，ひとまずすべての交信データをeQSLにアップロードしておくといいでしょう．後でeQSLの利用を開始した人も，QSLカードが受け取れますから．

届いたQSLカードは，画像ファイルでダウンロードできます．eQSLでしか届かないQSLカードもあるので，未コンファームの交信データをチェックしてみてください．QSLカードが届いていれば印刷して残しておきます．

● eQSLを使ってみてください

eQSLはアメリカのシステムですが，日本語にも対応しているので利用において不安はありません．

QSOデータのアップロードには「ADIF」と呼ばれる形式のログ・ファイルが必要ですが，ハムログから生成が可能です．インターネットとハムログをお使いであれば誰でも利用できますから，ぜひ一度eQSLを試してみてください．

URL：http://www.eqsl.cc/qslcard/Index.cfm

eQSLで届いた8J1RLのQSLカード

eQSLのトップページ

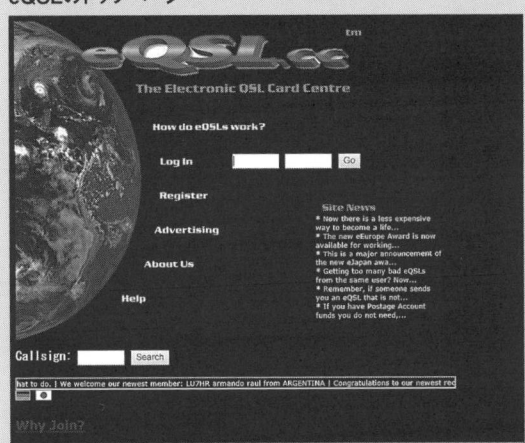

日本語化されたページ

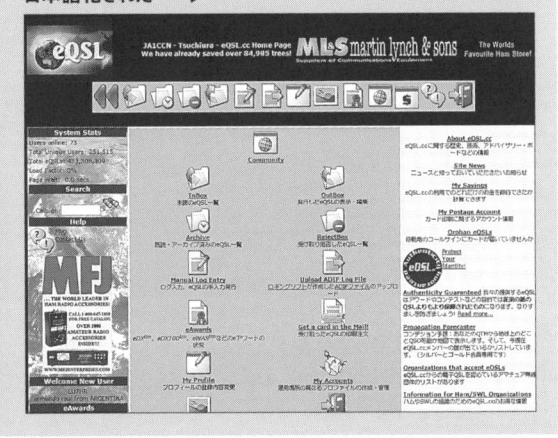

※1 Amateur Data Interchange Formatの略でアマチュア無線の交信データ世界共通フォーマット．

3-3　お勧めアワード100＋α

　ジャパン・アワードハンターズ・グループが選んだ，お勧めのアワードを紹介します．カラー・ページで紹介しているアワードと併せてお楽しみください．本稿では簡単に完成できるビギナー向けアワードから，エキスパートでも骨の折れる難関なアワードまでそろえています．

　手始めに，届いているQSLカードだけで完成していると思われるアワードを探してみてください．きっといくつか完成しているアワードが見つかるでしょう．そして，少し背伸びをして一歩上のレベルのアワードにチャレンジしてみませんか．きっとご自身のレベルアップにつながるに違いありません．

　掲載しているアワード・ルールは，趣旨が変わらない範囲で編集している場合や，掲載スペースの関係で掲載しきれないリスト類を割愛している場合があります．ルールがインターネット上で公開されているアワードについては，そのURLを掲載しています．それ以外については，主催者が発表する規約をSASEやE-Mailで請求してください．

3Band WAC賞

地域収集

発行者：JARL九州地方本部
発行開始：1969年5月　　**発行数**：167枚
SWL：発行する　**外国局**：発行する（IRC 8枚）
アワードのサイズ：B5
ルール：1バンドで6大陸と1局ずつ交信．これを3バンドで計18局と交信しQSLカードを得る．

申　請：申請書C＋500円
〒862-0924 熊本市中央区帯山3-8-35
宮川　香枝子（JF6MIT）
E-Mail…jf6mit@jarl.com
申請者の住所には郵便番号を必ず明記する．
URL：http://www.jarl.com/kyUShu/

50 in Chiba City（50CC）

地域収集

発行者：千葉アワードハンターズグループ
発行開始：1991年4月1日　　**発行数**：101枚
SWL：発行する　**外国局**：発行する（IRC 2枚）
アワードのサイズ：B5
ルール：千葉市で運用する50局よりQSLカードを得る．
50局ごとにアワードを発行する．同一局はバンドごとに有効．
特記：バンド，SSB以外のモード．
申　請：申請書C＋定型外100gぶんの切手（申請料無料）QSLカード・リストに運用地（区名など）を

明記すること．

〒267-0054 千葉市緑区大高町41

須藤 悦朗（JH1IED）

E-Mail…jh1ied@jarl.com

6・6賞

地域収集

発行者：JARL九州地方本部

発行開始：1969年5月　**発行数**：542枚

SWL：発行する　**外国局**：発行する（IRC 8枚）

アワードのサイズ：B5

ルール：コールサインに「6」を含む局と6大陸より1局ずつ交信しQSLカードを得る．

アジアはJA6であること．

申　請：申請書C＋500円

〒862-0924 熊本市中央区帯山3-8-35

宮川 香枝子（JF6MIT）

申請者の住所には郵便番号を必ず明記する．

E-Mail…jf6mit@jarl.com

URL：http://www.jarl.com/kyUShu/

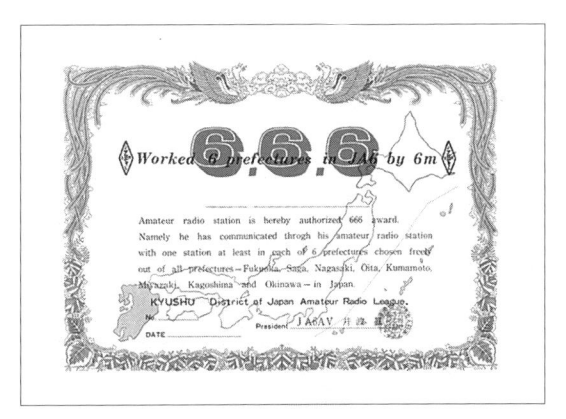

6・6・6賞

地域収集

発行者：JARL九州地方本部

発行開始：1969年5月　**発行数**：999枚

SWL：発行する　**外国局**：発行する（IRC 8枚）

アワードのサイズ：B5

ルール：6mバンドで九州7県（沖縄を含む）のうち6県と交信しQSLカードを得る．

申　請：申請書C＋500円

申請者の住所には郵便番号を必ず明記する．

〒862-0924 熊本市中央区帯山3-8-35

宮川 香枝子（JF6MIT）

E-Mail…jf6mit@jarl.com

URL：http://www.jarl.com/kyUShu/

88-JA8, 88-JA8/2

地域収集 **局数収集**

発行者：JARL北海道地方本部

発行開始：1956年1月17日

発行数：88-JA8…2,160枚，88-JA8/2…643枚

SWL：発行する　**外国局**：発行する（IRC 8枚）

申請者の移動範囲制限：同一地点

アワードのサイズ：A4

ルール：北海道内88局と交信してQSLカードを得る．44局の場合は88-JA8/2を発行．

道外局が北海道で運用したQSLカード（運用地点明記のこと）も有効．

同一局との交信はバンドやモードが異なっても一度しか認めない．電信と電話のクロスモードは認めるが，クロスバンドは認めない．

特 記：VHF

申 請：申請書C＋JARL会員300円，非会員600円

〒084-0910 釧路市昭和中央2丁目17番12号

山田 和博（JF8QOR）

TEL/FAX…0154-51-7177

E-Mail…jf8qor@jarl.com

URL：http://je8jsx.sakura.ne.jp/

99賞

地域収集

発行者：JARL北陸地方本部

発行開始：1963年8月10日　**発行数**：1,940枚

SWL：発行する　**外国局**：発行する（IRC 10枚）

アワードのサイズ：A4

ルール：富山，福井，石川県に在住する異なるアマチュア無線局と交信して各県3枚ずつ計9枚のQSLカードを得る．

1954年12月28日以降の交信が有効．

特 記：バンド，モード，QRP，サテライト，YL，クラブ局，One Day，Digital，EME．

申 請：申請書C＋500円

国内の申請者はJARL会員に限る．

〒939-8102 富山市昭和新町37-13

柴田 雄司（JA9BHE）

E-Mail…ja9bhe@jarl.com

URL：http://www.jarl.com/hokuriku/

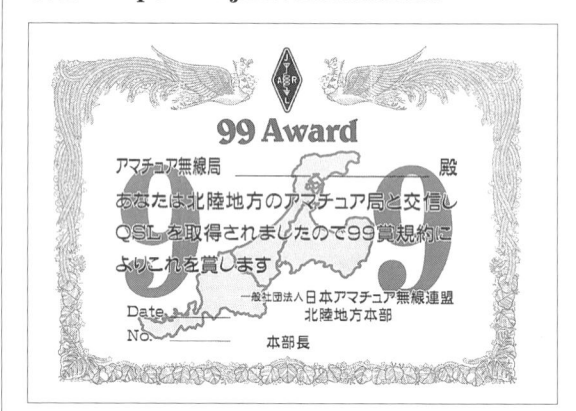

WORKED ACC MEMBERS AWARD　ACC10局賞

特定局収集

発行者：The International Award Chasers Club

発行開始：1990年9月　発行数：1,078枚
SWL：発行する
外国局：発行する（US 5ドルまたはIRC 10枚，ステッカーはSASE＋IRC 2枚）
アワードのサイズ：B4
ルール：ACCメンバー10局と交信してQSLカードを得る．
10局以上には10局ごとにステッカー1枚を発行する．申請が300局に達したとき，本賞とは別に楯を贈り，ACCワールド・ミーティングで表彰する．以後，600，900，1,200局もあり．同一局は，バンド，モード，コールサインが異なってもACCの会員番号が同じ場合1回のみ有効．1979年11月1日以降の交信が有効．
申請：申請書C＋500円（10局増すごとに100円増）．追加申請は申請書C＋10局増すごとに100円増＋SASE．
QSLカード・リストの備考欄にACCナンバーを記載．
〒331-0823 さいたま市北区日進町2-1599
小山 勝弘（JN1HWF）
URL：http://www.jarl.com/acc/
参考：ACCワールド・ミーティング時のアイボールQSLカードも有効．

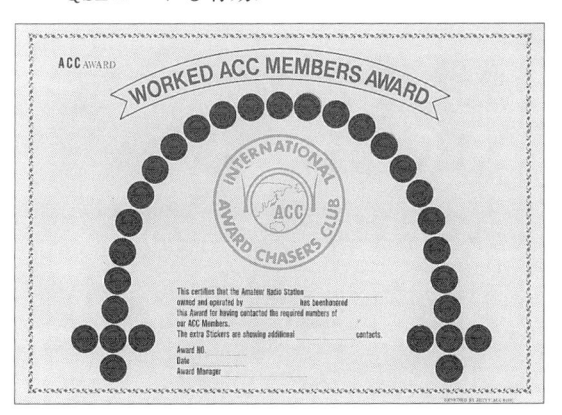

ACC PREFIX AWARD

つづり字

発行者：The International Award Chasers Club
発行開始：1981年5月10日　**発行数**：233枚
SWL：発行する
外国局：発行する（US 5ドルまたはIRC 7枚）
アワードのサイズ：B5，ケース付き
ルール：すべて異なるプリフィックスの最初の文字（トップレター）でACCと3回つづる，計9枚のQSLカードを得る．
例 A71XD，CE1DS，CX3CTで1回．AI6V，CN8FF，CO2ADで2回．A4XVK，CP1FH，C31LLで3回．
特記：バンド，モード
申請：申請書C＋500円
〒157-0064 世田谷区給田2-16-3　橘 幸治（JI1TYY）
TEL…03-3309-0433
E-Mail…ji1tyy@jarl.com

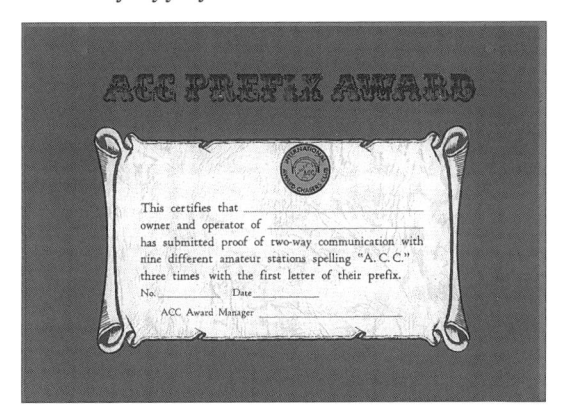

ALL CHIBA AWARD

地域収集　局数収集

発行者：千葉アワードハンターズグループ（CAHG）

発行開始：1989年3月5日　発行数：207枚
SWL：発行する　外国局：発行する(IRC 2枚)
アワードのサイズ：B5
ルール：次の条件を満たすように交信し，QSLカードを得る．
クラスC…千葉県全市全郡全区＋千葉県100局
クラスH…千葉県1,000局
クラスI…千葉県全市区町村
クラスB…任意の異なる2バンドでそれぞれ千葉県全市区町村を2組
クラスA…任意の異なる3バンドでそれぞれ千葉県全市区町村を3組
クラスDX…千葉県100局(外国局ルール)
クラスCとHはすべて異なる局であること．クラスI，B，Aで同一局のQSLカードはバンドごとに5枚以内とする．市郡または市区町村は，最終交信日においてすべて現存しているものを対象とする．クラスDXは外国で運用した局に発行する．
特記：JARLに準ずる．
申請：申請書C＋定形外100gの郵便料金

〒265-0045 千葉市若葉区上泉町691-5
堀江 良次(JE1DFM)
E-Mail…je1dfm@jarl.com

All Miyagi Award

地域収集

発行者：JARL宮城県支部
発行開始：1996年11月1日　発行数：126枚
SWL：発行する　外国局：発行する(IRC 10枚)
アワードのサイズ：A4
ルール：次の条件を満たすように宮城県内運用局と交信しQSLカードを得る．
宮城県全市区町村賞…宮城県内全市区町村
宮城県全市全郡賞…宮城県内全市全郡
宮城県全市賞…宮城県内全市
宮城県全郡賞…宮城県内全郡
1996年11月1日以降の交信が有効．
特記：バンド，モード，QRP,「同一地点」「同一県内」「同一エリア内」．
申請：申請書C(市区郡町村名を明記)＋500円
(JARL非会員800円)
〒981-0901 仙台市青葉区北根黒松7-36
佐藤 雄孝(JA7UQB)

E-Mail…miyagi@jarl.com
URL：http://www.jarl.com/miyagi/

ANA長崎県全市町交信賞・受信賞

地域収集

発行者：JARL長崎県支部長
発行開始：2002年1月1日　**発行数**：36枚
SWL：発行する　**外国局**：発行する（500円）
アワードのサイズ：A4
ルール：長崎県内全市町で運用する局と交信しQSLカードを得る．
同一局は5か所まで使用可．
特記：バンド，モードほか（移動しない相手局，移動した局）
申請：申請書C＋500円
〒859-3605　長崎県東彼杵郡川棚町百津郷702-1
松崎　賢治（JA6BD）
URL：http://www.jarl.com/nagasaki

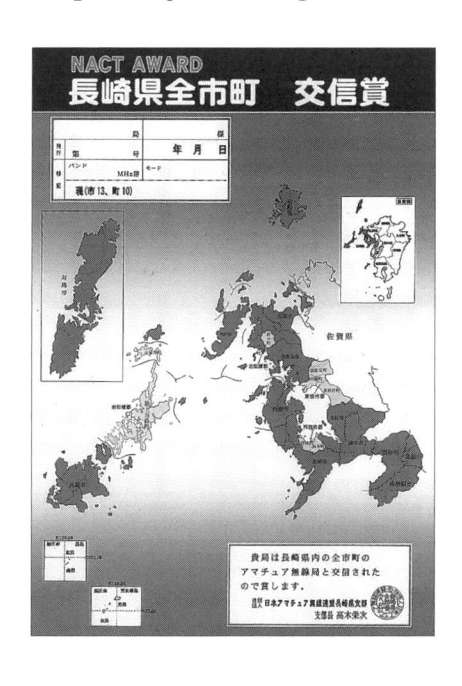

CW-777 AWARD

その他

発行者：A1クラブ
発行開始：2009年　**発行数**：347枚
SWL：発行しない　**外国局**：発行する（PDF版のみ）
ルール：7の付く日（7日，17日，27日）に7MHzで7局とCWで交信する．
2009年1月7日以降の交信が有効．QSLカード取得は不要．
特記：連続○日間，連続○か月間など．
申請：申請書C＋500円（PDF版は無料）
PDFアワード申請はエクセルのリストを添付．
〒470-0127　日進市赤池南1-1101
木戸　正（JH2CMH）
E-Mail…award@a1club.org
URL：http://a1club.net/award

GC賞

コールサイン

発行者：グリーンクラブ
発行開始：1956年　発行数：380件
SWL：発行する　外国局：発行する
申請者の移動範囲制限：同一都道府県
アワードのサイズ：B5
ルール：東北地区で免許された局のコールサインと他エリア（外国も可）の局のコールサインとでコンビになるQSLカードを10組（20枚）得る．
例 JA7TJとW9TJ，JH7IEJとJK3IEJなど．
特記：バンド，モード．
申請：申請書C＋500円
〒029-3207 一ノ関市花泉町油島蒲沢35-8
高木 武志（JA7TJ）

IBARAKI PREFECTURE AWARD（IPA）

地域収集 **局数収集**

発行者：JARL茨城県支部
発行開始：1975年11月30日　発行数：133枚
SWL：発行する
外国局：発行する（IRC 5枚またはUS 5ドル）
アワードのサイズ：A4
ルール：1975年12月1日以降，茨城県内運用局と交信してQSLカードを得る．個人局1ポイント，社団局10ポイント，特別局，特別記念局（8J1MOMOや8J1ITUなど）は20ポイントとし，運用年や運用場所が違えば異なる局とする．100ポイントで基本アワード発行．以降100ポイントごとに1,000ポイントまでステッカー，証明書を発行．海外局は特別賞を除き10分の1ルールとする．
300ポイントで霞ケ浦賞，500ポイントで磯節賞，1,000ポイントで偕楽園賞を希望者に有償で授与する．
特別賞…茨城県内の全市町村のQSLカードを得れば「水戸黄門賞」を授与する
特記：バンド，モード，QRP，SWL．
申請：申請書C＋500円（JARL非会員は1,000円）B/Pは手帳のコピー同封で無料．ステッカー200円．手数料は定額小為替のほか，郵便振替口座00140-7-336660 林恒美（ハヤシツネミ）でもOK．

第3章　完成を目指したいアワード一覧

振り込みの控えのコピーを同封．
〒314-0000 茨城県鹿嶋市 鹿嶋郵便局私書箱21号
林 恒美（JG1FWE）
E-Mail…jg1fwe@jarl.com
問い合わせは申請先までSASEかE-Mailを送る．
URL：http://www.jarl.com/ibaraki/

JA6賞

文字収集

発 行 者：JARL九州地方本部
発行開始：1969年5月　発行数：373枚
SWL：発行する　外国局：発行する（US 8ドル）
アワードのサイズ：B5
ル ー ル：コールサインに「6」を含む局を25エンティティー以上と交信してQSLカードを得る．JA6を必ず含むこと．
申　　請：申請書C＋500円
申請者の住所には郵便番号を必ず明記する．
〒862-0924 熊本市中央区帯山3-8-35
宮川 香枝子（JF6MIT）
E-Mail…jf6mit@jarl.com
URL：http://www.jarl.com/kyushu/

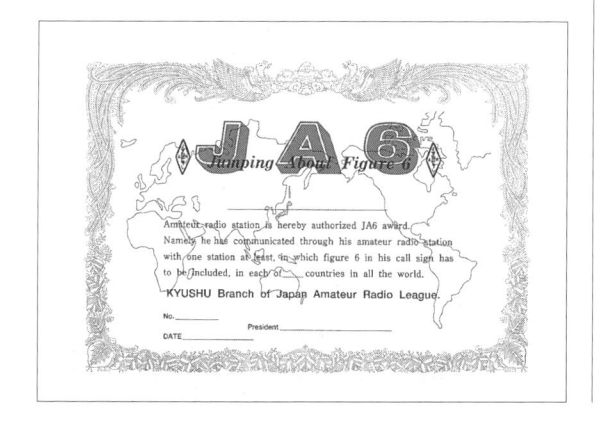

JAG21世紀アワード

地域収集 **局数収集**

発 行 者：ジャパン・アワードハンターズ・グループ（JAG）
発行開始：2001年1月　発行数：110枚
SWL：発行する　外国局：発行する（IRC 3枚）．
アワードのサイズ：A4
ル ー ル：日本の各都道府県からそれぞれ異なる500局（計23,500局）と交信し，QSLカードを得る．ただし，各都道府県の各異なる21局（計987局）から発行する．以後異なる50，100，150，200，250，300，350，400，450，500局に達するごとにステッカーを発行する．
同一局でもバンドが異なれば異なる局とする．
申　　請：申請書C＋500円．ステッカーのみの申請は定形82円切手のSASEを送る．
申請書は都道府県順に記載し，市・郡番号も記載すること．最初の申請および追加申請するごとに，少なくとも3バンド以上，2モード以上を含むこと．

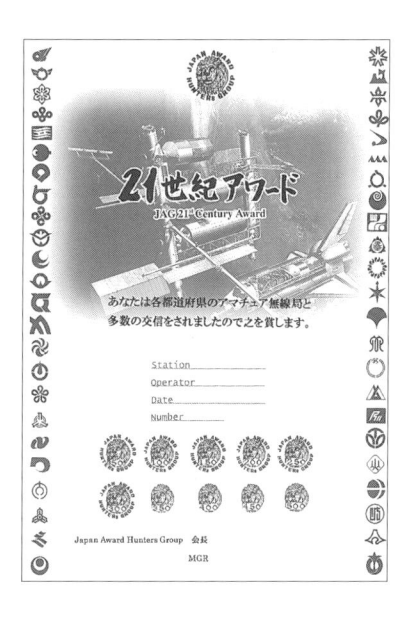

〒630-0233 生駒市有里町51-1

中村 恒和（JL3APM）

E-Mail…jl3apm@jarl.com

URL：http://www.jarl.com/jag/

参 考：各都道府県からそれぞれ異なる500局を達成した局（全ステッカーを取得した局）で21番目までの局は，JAG総会にて表彰する．

JAG創立40周年記念アワードI

特定局収集

発行者：ジャパン・アワードハンターズ・グループ（JAG）

発行開始：2016年1月1日

SWL：発行する　外国局：発行する（IRC 3枚）

アワードのサイズ：A4

ルール：異なるJAG会員40局と交信する．JAG第40回全国総会記念特別局との交信は10局ぶんに数える．すべての交信はバンドが異なれば別カウントとする．QSLカードの取得は不問．2016年1月1日以降の交信が有効．

特 記：希望事項

申 請：申請書＋300円（定額小為替またはゆうちょ銀行）

ゆうちょ銀行 10540-6507061 イナミエイジ

他行からは，店名058 店番058 番号0650706

〒286-0036 成田市加良部4-22-4-103

伊南 栄治（JM1ATF）

E-Mail…jm1atf@jarl.com

URL：http://www.jarl.com/jag/

JAG創立40周年記念アワードII

つづり字

発行者：ジャパン・アワードハンターズ・グループ（JAG）

発行開始：2016年1月1日

SWL：発行する　外国局：発行する（IRC 3枚）

アワードのサイズ：A4

ルール：異なる12局のサフィックスのいずれか1文字で「JAG JAG JAG JAG」とつづる．QSLカードの取得は不問．2016年1月1日以降の交信が有効．

特 記：希望事項

申請：申請書＋300円（定額小為替またはゆうちょ銀行）

ゆうちょ銀行 10540-6507061 イナミエイジ

他行からは，店名058 店番058 番号0650706

〒286-0036 成田市加良部4-22-4-103

伊南 栄治（JM1ATF）

E-Mail…jm1atf@jarl.com

URL：http://www.jarl.com/jag/

Japan Special Call Award（JSCA）

▎コールサイン

発行者：道東アワードハンターズグループ

発行開始：1997年1月5日　**発行数**：759枚

SWL：発行する

外国局：発行する（US 6ドルまたはIRC 5枚）

申請者の移動範囲制限：同一都道府県

アワードのサイズ：A4

ルール：プリフィックスが8で始まる日本の特別局および特別記念局（8J，8Nなど）と交信して異なる10局以上のQSLカードを得る．50MHz以上のみの申請および海外からの申請は5局以上とする．10局単位で交信局数をアワードに付記する．7J1RL，JA3XPO，JA1RL，JA3YRLなどは無効．

申請：申請書C＋500円

氏名にローマ字のふりがなをふること．「リターンアドレスシール」の同封が望ましい．

〒084-0910 北海道釧路市昭和中央2丁目17-12

山田 和博（JF8QOR）

TEL/FAX…0154-51-7177

E-Mail…jf8qor@jarl.com

URL：http://je8jsx.sakura.ne.jp/

Japan Postal Code Award（JPA）

▎その他

発行者：ジャパン・アワードハンターズ・グループ（JAG）

発行開始：1995年7月30日　**発行数**：261枚

SWL：発行する　**外国局**：発行する（US 5ドル）

アワードのサイズ：A4

ルール：日本の郵便番号の合計が100,000ちょうどになるようQSLカードを得る．

まず，3桁の郵便番号のみを対象として，郵便番号の合計が50,000ちょうどになるようにQSLカードを集める（例 〒170→170）．さらに，5桁の郵便番号のみを対象として，番号の枝番の下2桁を小数点以下とし（例 〒761-24→761.24），その合計が50,000ちょうどになるようQSLカードを集め，両者の総合計が100,000ちょうどになること（超えてはならない）．7桁の新郵便番号は，上5桁を使用し，下2桁を切り捨てる．新番号の上から4桁目，5桁目が「00」のものは「3桁番号」として扱う（例 〒154-

0023→154）．新番号の上から4桁目，5桁目が「00」以外のものは「5桁番号」として扱い，上から3桁目までを整数部，上から4桁目，5桁目を小数点以下として取り扱う（例 〒350-1106→350.11）．旧番号，新番号いずれのQSLカードも有効．新旧の番号が異なる場合はどちらも有効．

次の各条件を含むこと．① 任意の3バンドを使用し，WAJAを1組含むこと（すべてのQSLカードの中で1組）．② 使用する局および郵便番号はすべて異なること．③ 郵便番号はQSLカードに記載されたもののみ有効．移動先郵便番号が記載されたものも有効．④ 私書箱は無効．

申　請：申請書C＋500円
〒144-0056 東京都大田区西六郷2-56-5
力石 富司（JA1BUQ）
E-Mail…buqtom@mue.biglobe.ne.jp
URL：http://www.jarl.com/jag/

MARS医学アワードⅡ

特定局収集

発行者：日本医師アマチュア無線連盟
発行開始：2005年4月1日
SWL：発行する　**外国局**：発行する（無料）
アワードのサイズ：B4
ルール：MARSの会員，同連盟クラブ局（JM1ZZM）また国内外の医師が運用するアマチュア無線局とできるだけ多く交信し，QSLカードを得る．
MARS会員局（退会者，入会以前また医師になる以前も可）…5ポイント．JM1ZZM…30ポイント．海外の医師が運用した局…3ポイント．それ以外の医師が運用した局…1ポイント．いずれも，歯科医師，獣医師，その他コ・メディカル・スタッフによる運用ならびにそれら医師以外のゲスト運用による局は除く．
基本アワードは会員局との交信による25ポイント以上を含む，合計100ポイントで完成．以後50ポイントごとにエンドーズメントのステッカーを発

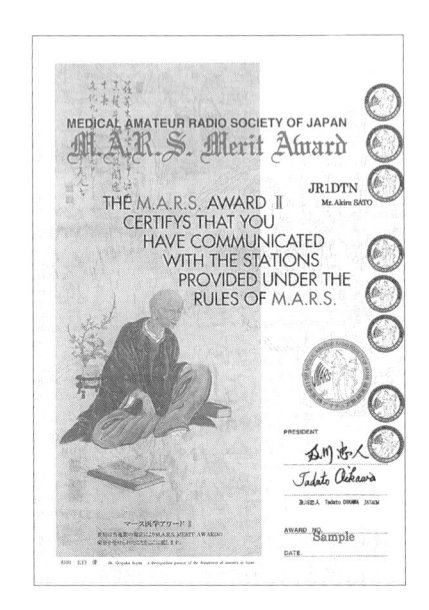

行．同一局でもバンド，モード，運用地が異なれば，異なる局にカウントする．会員以外はQSLカードに運用者が医師である旨，記載されていること．MARS会員はWebサイトを参照(2015年7月31日現在，退会・物故会員を含む約500名)．

A賞…2005年4月1日以後の交信による

B賞…有効交信年月日なし

特 記：希望事項．

申 請：申請書C(申請料無料)

〒379-1111 渋川市赤城町北赤城山1043-4

相田 信男(JA1KXT)

E-Mail…jmars-awdmgr@lion.plala.or.jp

URL：http://www.jmars.jp/

MG5賞

コールサイン

発行者：JA5.DX.R.C.

発行開始：1969年4月　**発行数**：3,373枚

SWL：発行する　**外国局**：発行する(IRC 8枚)

申請者の移動範囲制限：同一都道府県

アワードのサイズ：A4

ルール：自局のサフィックスと同じ局よりQSLカードを得る．

クラスAA…15局

クラスA…10局

クラスB…5局

例 JR1DTNの場合，JG1DTNのほかJF1NDT，7K1TDNなど同じアルファベットの組み合わせも可．SWLは「S, W, L」を使用する．

特 記：バンド，モード．

申 請：申請書B＋400円

〒761-2402 丸亀市綾歌町岡田下571-1

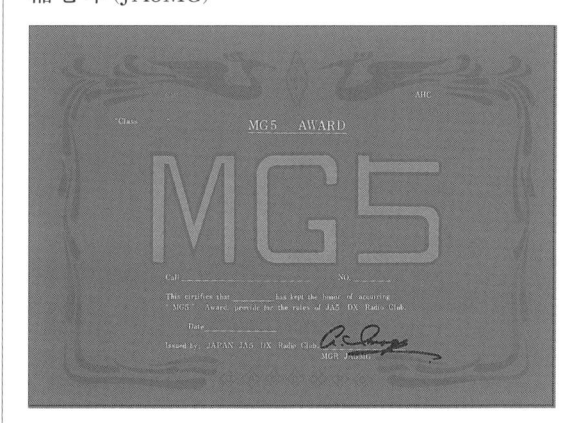

稲毛 章(JA5MG)

One day JA7賞

地域収集

発行者：JARL東北地方本部

SWL：発行する　**外国局**：発行しない

申請者の移動範囲制限：同一都道府県(申請書に運用地を明記)

アワードのサイズ：A4

ルール：24時間(00:00〜23:59JSTではない)以内に東北6県(青森，岩手，秋田，宮城，山形，福島)と交信してQSLカードを各県から各1枚得る．移動先明記の移動局は可．

特 記：バンド，モード，QRP．

申請：申請書C＋500円（JARL非会員は1,000円）．82円以下の切手も可．
QSLカード・リストに交信時刻を記入すること．
〒981-0901 仙台市青葉区北根黒松7-36
佐藤 雄孝方　東北地方本部「アワード係」
E-Mail…ja7uqb@jarl.com

ONE DAY KYUSHU

地域収集

発行者：天領日田アワードハンターズグループ
発行開始：1994年2月1日　**発行数**：199枚
SWL：発行する　**外国局**：発行する（IRC 8枚）
アワードのサイズ：A4
ルール：00:00～23:59JSTの間で沖縄を含む九州8県と交信し各1枚，計8枚のQSLカードを得る．THAGメンバー1局に限りいずれかの県に代用できる．代用メンバーの交信年月日は問わない．THAG発行の各種記念交信証などは，1枚で2県ぶんの代用ができる．

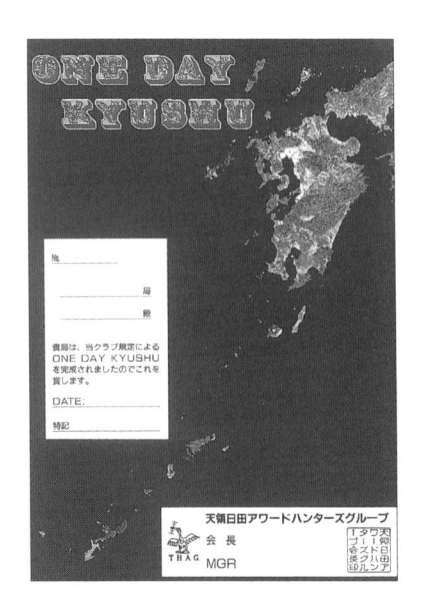

特記：希望事項．
申請：申請書C＋500円
〒824-0601 福岡県田川郡添田町庄1138-4
加來 勉（JG6JMQ）
E-Mail…jg6jmq@jarl.com
URL：http://www.jarl.com/thag/

ONE DAY WAC

地域収集

発行者：JARL関西地方本部
発行数：1,247枚
SWL：発行しない
外国局：発行する（US 5ドルまたはIRC 5枚）
アワードのサイズ：A4
ルール：00：00～24：00JST（または00：00～24：00 UTCでもよい）の間にWACを完成する．バンド・モードは問わないが，偶発的な交信であること（ラウンドQSOやスケジュールQSOは認めない）．1961年8月1日以降の交信が有効．
特記：バンド，モード，QRP（1W以下），サテライト．
申請：申請書C（時刻，RSTも記入）＋2,500円（日本国内のみ賞状と楯を発行）
〒583-0864 羽曳野市羽曳が丘6-9-2

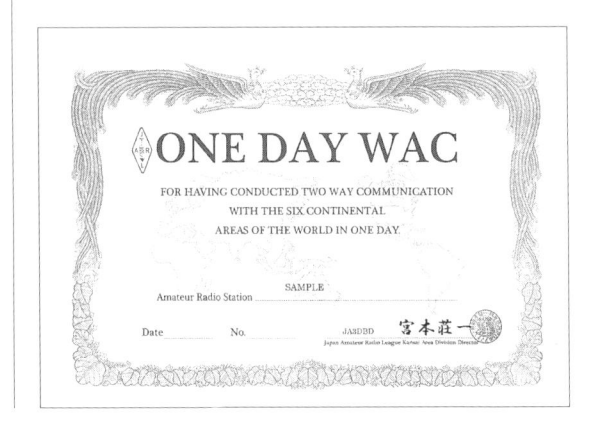

宮本 荘一（JA3DBD）
E-Mail…ja3dbd@jarl.com
URL：http://www.jarl.gr.jp/
参　考：交信時間とは，RST交換が成立した交信において最初に自局のコールサインを受信した時刻のこと．賞状と楯を贈るのでコールサイン彫刻に若干時間がかかる．国外局については，賞状のみを発行．

ONE DAY WAJA

地域収集

発行者：ジャパン・アワードハンターズ・グループ（JAG）
発行開始：2016年1月1日
SWL：発行する　**外国局**：発行する（IRC 3枚）
アワードのサイズ：A4
ルール：24時間以内に国内47都道府県のアマチュア無線局と交信してQSLカードを得る．24時間以内であれば日付が変わっても可．2016年1月1日以降の交信が有効．
特　記：希望事項
申　請：申請書＋300円（定額小為替またはゆうちょ銀行）．

ゆうちょ銀行 10540-6507061 イナミエイジ
他行からは，店名058 店番058 番号0650706
〒286-0036 成田市加良部4-22-4-103
伊南 栄治（JM1ATF）
E-Mail…jm1atf@jarl.com
URL：http://www.jarl.com/jag/

OVERSEAS AWARD

特定局収集

発行者：JR1EMO 松井秀男
発行開始：1994年3月　**発行数**：461枚
SWL：発行する　**外国局**：発行する（IRC 5枚）
アワードのサイズ：A4
ルール：海外の日本人発行のQSLカード（MM，マリタイム・モービルも含む）および日本国内の外国人発行のQSLカードを集める．
クラスS…QSLカード6枚以上で申請した枚数
クラスA…5枚
クラスB…3枚
クラスC…1枚
特　記：バンド，モード．
申　請：申請書C（備考欄に国名・氏名を明記）＋160円切手

〒358-0003 入間市豊岡1-3-7　松井 秀男（JR1EMO）
E-Mail…jr1emo@jarl.com
参　考：JR1EMOが発行するQSLカードは何枚でも代用できるが，クラスA，クラスBにおいては1枚以上の海外の日本人発行のQSLカードを含むこと．
URL：http://www11.plala.or.jp/jr1emo/

OVER THREE LETTERS OF THE SUFFIX AWARD

コールサイン

発行者：ジャパン・アワードハンターズ・グループ（JAG）

発行開始：2006年8月19日　発行数：467枚

SWL：発行する　外国局：発行する（IRC 3枚）

アワードのサイズ：A4

ルール：サフィックスが4文字以上の局3局以上と交信してQSLカードを得る．
サフィックスの文字数は「国を示すアルファベット・数字，エリア番号などを示す数字」に続く「最初のアルファベット」以降の文字および数字の総数とする．つまり，「最初のアルファベット」の後に数字が入っている場合はカウントできるが，「最初のアルファベット」より前にある数字はカウントできない．
カウントできる例…8J49JARL，ZS5A1GP
カウントできない例…8J90XPO，8J120JAS

特　記：希望事項．
アワードは申請の交信局数ごとに発行する．Web上でランキングを実施する．

申　請：申請書＋300円（定額小為替またはゆうちょ銀行）
ゆうちょ銀行 10330-72913811 カネコカツミ
他行からは，店名038 店番038 番号7291381
〒353-0003 志木市下宗岡2-9-33
金子 勝美（JH1QPJ）
E-Mail…jh1qpj@peace.ocn.ne.jp
URL：http://www.jarl.com/jag/

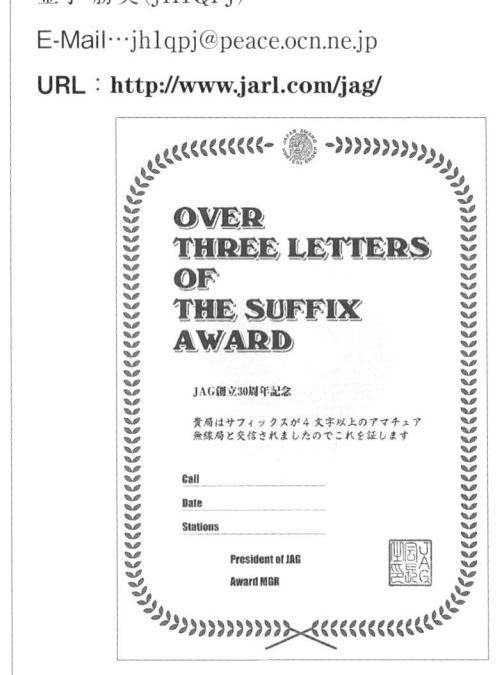

PXCC（Prefix Collection Certificate）

コールサイン

発行者：ジャパン・アワードハンターズ・グループ（JAG）

発行開始：1995年7月30日　発行数：112枚

SWL：発行する　外国局：発行する（IRC 8枚）

アワードのサイズ：A4

ルール：全世界のアマチュア局より異なるプリフィックスのQSLカードを集める．プリフィックスとは，その国の主官庁が発給したコールサインのプリフィックスのみを有効とする．アワードは1,000プリフィックスで発行し，以降500プリフィックスごとにステッカーを発行する．同一プリフィックスはバンドごとに有効．同一局もバンドご

とに有効．移動局についてはいかなる移動表示も無効．例 8J9ØXPOは8J9Ø，8J1HAMは8J1，M1BはM1，W6/JA1CKEはJA1，JA1CKE/JD1はJA1とカウントする．衛星通信とEMEもそれぞれ1バンドとしてカウントする．

申　請：申請書C＋500円（定額小為替またはゆうちょ銀行）

ステッカーはSASE（定形82円切手），外国局はSAE＋IRC 1枚．

ゆうちょ銀行 10510-6876861 サトウアキラ

他行からは，店名058 店番058 番号0687686

〒270-0111 流山市江戸川台東2-121

佐藤 哲（JR1DTN）

E-Mail…dtn599@yahoo.co.jp

URL：http://www.jarl.com/jag/

参　考：申請書とQSLカード・リストは，なるべくエクセル・ファイルをE-Mailで送ってほしい．QSLカード・リストはバンドごとにまとめ，DXCCのプリフィックス順に記入．また，コールサインは移動地まで含むこと（例 W6/JA1CKE）．

ルール補足：特別なコールサインなどにおけるプリフィックスは，「国を示すアルファベット，数字」の後の「エリア番号などを示す数字」までで，9M6JA1MMLの場合は9M6をプリフィックスとする．

QRP459賞

地域収集 **局数収集**

発行者：愛媛アワードハンターズグループ（EAHG）

発行開始：2012年10月27日　**発行数**：11枚

SWL：発行する　**外国局**：発行する（IRC 4枚）

アワードのサイズ：A4

ルール：四国各県の1局以上と交信し，異なる局との交信を1ポイントとし，459ポイントを得る．ただしQRP局を1局以上含むこと．シングルバンド，シングルモードで完成すること．QRP局との交信は，各県番号をポイントに読み替える（香川県36，徳島県37，愛媛県38，高知県39）．8J1VLP/5や8J5Pなどの特別局に限り，運用県/運用年が違えば同一コールサインの局との交信を認める．QRP局のみで459ポイントを完成した場合は，QRPパーフェクト賞として副賞を贈る．

申　請：申請書C＋400円（定額小為替またはゆうちょ銀行）

郵便振替 01600-2-34558 越智省二

ゆうちょ銀行 16180-4247701 越智省二
〒794-0811 今治市南高下町2-1-13
越智 省二（JH5GEN）
E-Mail…jag3802@dokidoki.ne.jp
申請および問い合わせはE-Mailで．
URL：http://www.jarl.com/eahg/

SAHC-Ⅱ賞

地域収集　つづり字

発行者：四国アワードハンターズクラブ（SAHC）
発行開始：1978年1月1日　**発行数**：283枚
SWL：発行する　**外国局**：発行する（IRC 8枚）
申請者の移動範囲制限：同一都道府県
アワードのサイズ：A4のフェルト紙
ルール：四国4県の旧国名を各県内局のコールサインでつづり16枚のQSLカードを得る．
SANUKI（香川），IYO（愛媛），TOSA（高知），AWA（徳島）
クラスA…すべてトップレターでつづる
クラスB…すべてミドルレターでつづる
クラスC…すべてテールレターでつづる
SAHCメンバーのQSLカードはすべてのクラスおよび全16文字に代用可．

特記：バンド，モード．
申請：申請書B＋400円
〒761-2402 丸亀市綾歌町岡田下571-1
稲毛 章（JA5MG）

S.H.C.A.

地域収集　つづり字

発行者：静岡HAMクラブ
発行開始：1986年12月1日　**発行数**：145枚
SWL：発行する　**外国局**：発行する（IRC 5枚）
アワードのサイズ：A4
ルール：静岡県内の20局と交信して得たQSLカードのテールレターで「SHIZUOKA HAM CLUB AWARD」とつづる．ただし，SHIZUOKAの8文字については静岡市内の局でつづること．クラブ員のQSLカードは1局1文字に代用可．
特記：希望事項．
申請：申請書C＋500円
〒421-1201 静岡市新間2478　前田 邦雄（JA2FOH）

第3章　完成を目指したいアワード一覧

URL：http://www.jarl.com/sizuokaken/shcaward.html

The SAMURAI

特定局収集

発行者：ジャパン・アワードハンターズ・グループ（JAG）

発行開始：1978年5月　**発行数**：3,400枚

SWL：発行する　**外国局**：発行する（IRC 10枚）

アワードのサイズ：A4

ルール：JAGメンバーと交信してQSLカードを得る．旧メンバーも有効．交信年月日不問．

クラススーパー…申請時の会員の80%

クラス500…500局

クラス300…300局

クラス150…150局

クラス100…100局

クラス50…50局

クラス25…25局

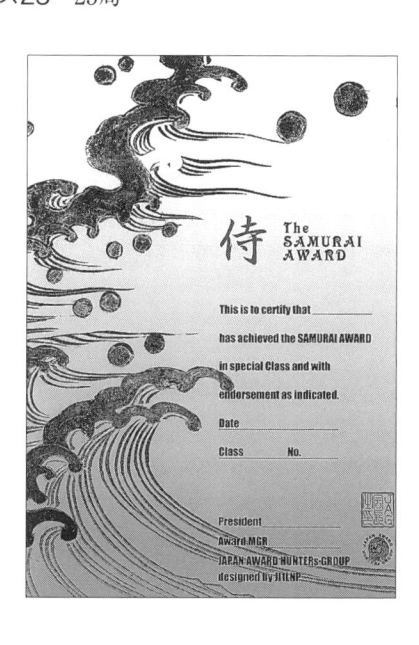

クラスDX…5局（海外局のみ）

申請：申請書C＋400円（定額小為替またはゆうちょ銀行）

ゆうちょ銀行 10510-6876861 サトウアキラ

他行からは，店名058 店番058 番号0687686

QSLカード・リストはコールサイン順に記入する．

〒270-0111 流山市江戸川台東2-121

佐藤 哲（JR1DTN）

E-Mail…dtn599@yahoo.co.jp

URL：http://www.jarl.com/jag/

The Station Award (T.S.A)

つづり字

発行者：コマーシャルアマチュア無線クラブ

発行開始：1981年8月1日　**発行数**：1,500枚

SWL：発行する　**外国局**：発行する（IRC 6枚）

アワードのサイズ：A4

ルール：申請者自身のコールサインを取得したQSLカードおよびSWLカードのテールレターで

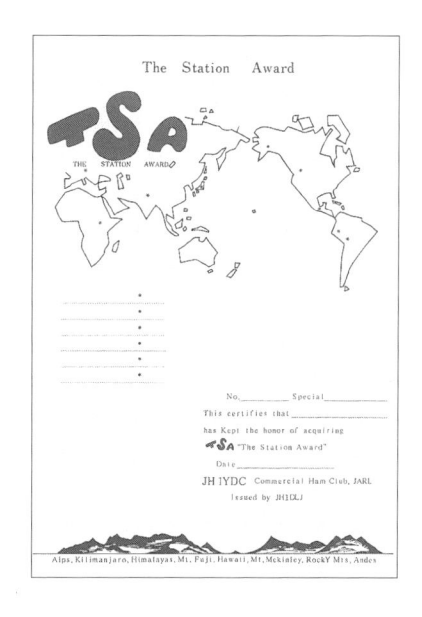

つづる．**例** 申請者がJR1DTNの場合…JH1QPJ，JA0CCR，ONL-3321，JH1IED，JK1UTT，JL1FGN．

特記：希望事項．

申請：申請書C＋500円

ワード・ファイルまたはエクセル・ファイルで作成した申請書類をE-Mailに添付して送付してもよい．ネット銀行，小額切手可．

〒310-0836 水戸市元吉田町733

田中 康正（JH1DLJ）

E-Mail…jh1dlj@jarl.com

WAKAYAMA AWARD

地域収集

発行者：JARL和歌山県支部

発行開始：1990年11月8日　**発行数**：573枚

SWL：発行する　**外国局**：発行する（無料）

申請者の移動範囲制限：同一コール・エリア内

アワードのサイズ：A4

ルール：和歌山県内の市郡町村から各1枚のQSLカードを得る．

Excellent賞…30市町村

A賞…9市

B賞…6郡

C賞…20町

D賞…1村

＜和歌山県市町村リスト＞

市…和歌山市，橋本市，海南市，田辺市，新宮市，御坊市，有田市，紀の川市，岩出．

町…有田郡（広川町，湯浅町，有田川町）．伊都郡（九度山町，かつらぎ町，高野町）．海草郡（紀美野町）．西牟婁郡（上富田町，白浜町，すさみ町）．東牟婁郡（那智勝浦町，古座川町，太地町，串本町）．日高郡（みなべ町，日高町，美浜町，由良町，印南町，日高川町）．

村…東牟婁郡（北山村）

特記：バンドかつモードのみ．

申請：申請書C＋定形外100gぶんの切手

申請手数料は無料で発行．

〒641-8691 和歌山南郵便局私書箱1号

JARL和歌山県支部アワード係

問い合わせはSASEで申請先へまたはE-Mailで．

E-Mail…jr3eqg@jarl.comまたはjf3nim@jarl.com

URL：http://www.jarl.com/wakayama/

参考：市町村名の変更や増減があった場合は，その施行日で本規約も改定．

WJDXA（Western Japan DX Award）

地域収集

発行者：WJDXG

発行開始：1975年　**発行数**：649枚

SWL：発行する　**外国局**：発行する（IRC 2枚）

アワードのサイズ：A4

ルール：6大陸（WAC）＋中国5県（岡山，広島，山口，島根，鳥取）を含む4エリア10局のQSLカード，合計16枚を得る．

特記：なし．

申請：申請書B＋200円（切手可）

〒734-0004 広島市南区宇品神田2-17-8-214

松井 坦（JA4XW）

E-Mail…ja4xw@jarl.com

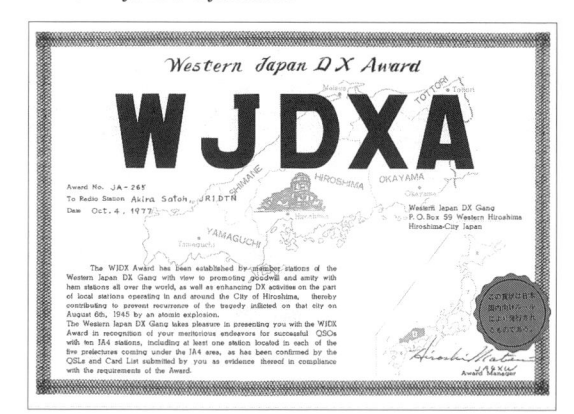

高野 博（JA1ISJ）

E-Mail…ja1isj@jarl.com

WORKED ALL NARA AWARD

地域収集

発行者：奈良北部アマチュア無線クラブ

発行開始：1971年11月1日　発行数：2,036枚

SWL：発行する　外国局：発行する（IRC 7枚）

アワードのサイズ：A4

ルール：生駒市1局（移動局不可，海外局は不要）を含む奈良県の市郡町村よりQSLカードを得る．

クラスEX…全市町村

クラスA…全市全郡

クラスB…10市郡

海外局は県内3局以上．

クラスEXおよびAは未交信2地区まで奈良県内のYL局で代用できる．朱書のこと．クラスEXをすべて常置局およびシングルバンド・シングルモードで完成の場合は申請料無料．ただし奈良県内申請者はすべて同一地点で得たQSLカードであること．クラスEXおよびAの申請は最終交信時に現存する市郡町村であること．例 生駒郡安堵町は1986年4月1日以降の交信が有効．

WAY賞

地域収集

発行者：横浜クラブ

発行開始：1994年11月6日　発行数：220枚

SWL：発行する

外国局：発行する（IRC 4枚，US 6ドル）

アワードのサイズ：A4

ルール：1994年11月6日以降，横浜市全18区のアマチュア局1区1局以上と交信する．コンテストの交信も有効．QSLカード取得不要．

特記：バンド，モードほか

申請：申請書C＋500円

〒222-0011 横浜市港北区菊名4-1-10

特 記：バンド，モード．
申 請：申請書C＋500円＋（B/P定型外100gぶんの切手同封，申請料無料）

〒630-023 生駒市有里町51-1　中村 恒和（JL3APM）

E-Mail…jl3apm@jarl.com

Worked Chiba City (WCC)

地域収集

発行者：千葉アワードハンターズグループ

発行開始：1991年4月1日　発行数：314枚

SWL：発行する　外国局：発行する（IRC 2枚）

アワードのサイズ：B5

ルール：千葉市全区の局からQSLカードを得る．シングルバンドで完成したときはバンドごとにステッカーを発行．

千葉市の行政区…中央区，稲毛区，花見川区，美浜区，若葉区，緑区．

特 記：SSBを除くモード．

申 請：申請書C＋定型外100gぶんの切手．申請手数料は無料，ステッカーはSASEを送る．

〒265-0045 千葉市若葉区上泉町691-5

堀江 良次（JE1DFM）

E-Mail…je1dfm@jarl.com

WORKED JA5 AWARD

地域収集　局数収集

発行者：JA5.DX.R.C.

発行開始：1969年4月1日　発行数：4,498枚

SWL：発行する　外国局：発行する（IRC 8枚）

申請者の移動範囲制限：同一都道府県

アワードのサイズ：A4

ルール：次の局数のJA5の局と交信して，QSLカードを得る．

クラスA…555局

クラスB…55局

クラスC…5局

JA5局とはJA5，JH5，JR5，JE5，JF5，JG5，JI5，

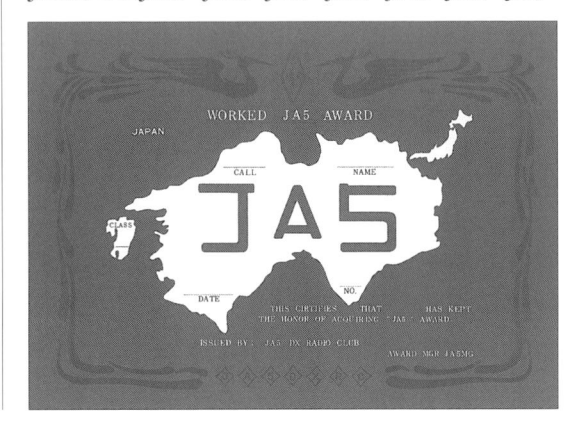

第3章　完成を目指したいアワード一覧

JJ5などすべてを含む．他エリア局がJA5エリアで移動運用したものは認めない．

特記：バンド，モード．

申請：申請書B＋400円

〒761-240 丸亀市綾歌町岡田下571-1
稲毛 章（JA5MG）

Yamato Club Award

地域収集

発行者：大和アマチュア無線クラブ
発行開始：1983年8月22日　**発行数**：581枚
SWL：発行する
外国局：発行する（IRC 7枚またはUS 5ドル）
アワードのサイズ：B4
ルール：大和市3枚＋隣接する市各1枚計10枚のQSLカードを得る．
海外局は大和市1枚以上を含む8市から計5枚．
JA1ZEKとクラブ員のQSLカードは1回に限り不足の市に代用可．メンバー・リストはWebサイトを参照．
隣接7市…横浜市，相模原市，町田市，座間市，海老名市，綾瀬市，藤沢市．
特記：常識の範囲内で希望事項．

申請：申請書B＋500円

〒242-0024 大和市福田3619-14　西山 昭司（JJ1JGI）
E-Mail…jj1jgi59973@gmail.com
URL：http://www.jarl.com/ja1zek/

YL-10局賞

特定局収集

発行者：JLRS
発行開始：1959年10月15日　**発行数**：7,662件
SWL：発行する　**外国局**：発行する（IRC 10枚）
アワードのサイズ：A4
ルール：JLRSメンバー1局を含む10人のYL局（海外局可）と交信してQSLカードを得る．クラブ局でもオペレーターのYLのコールサインと名前が明記されていれば1名は有効．
申請：申請書C（なるべく規定の用紙，ローマ字の氏名を明記）＋500円
YL-10局賞所有者に対し，追加ステッカーを10局ごとに1枚ずつ発行する．同時に何10局でも申請

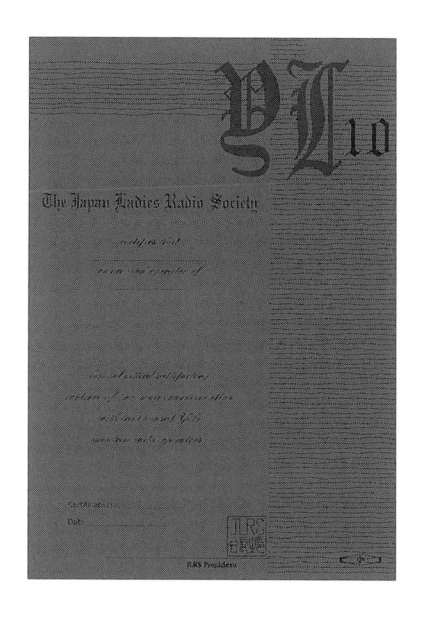

できる．手数料は10局ごとに100円（＋郵送料82円），同時申請の場合ステッカー20枚まで送料82円．YL-10局賞取得番号と最終追加局数の番号を記入のこと．

〒069-1524 夕張郡栗山町角田164-19
泉 真沙子（JA8AQY）
URL：http://www.jarl.com/jlrs/
参 考：申請書は必ずコピーを各自保管し，次回の申請時に同一局の重複申請をしないようにチェックすること．

YOKOSUKA 50 AWARD

地域収集

発行者：横須賀クラブ
発行開始：2003年1月1日　発行数：59枚
SWL：発行する　外国局：発行する（IRC 8枚）
ルール：2003年以降，横須賀市内で運用する10以上のプリフィックスを含む50局以上と交信してQSLカードを得る．JA1YBQおよび横須賀市内で運用されるJARL特別局のQSLカードは10局とカウントする．横須賀クラブの会員と明記されたQSLカードは運用地を問わない．バンドが異なれば同一局も有効．

特 記：バンド・モード．
申 請：申請書C＋500円
〒238-0054 横須賀市汐見台2-17-7
片倉 由一（JH1OHZ）
E-Mail…jh1ohz@jarl.com
URL：http://www.jarl.com/ja1ybq/

青森県全市町村交信（受信）賞

地域収集

発行者：JARL青森県支部
発行開始：1981年10月1日　発行数：477枚
SWL：発行する　外国局：発行する（IRC 5枚）
申請者の移動範囲制限：青森県内局は同一市町村内．県外局はなし．
アワードのサイズ：A4
ルール：青森県内の局と交信（受信）し，QSLカードを取得する．
クラスA…青森県内10市30町村の局
クラスB…青森県内20市町村の局

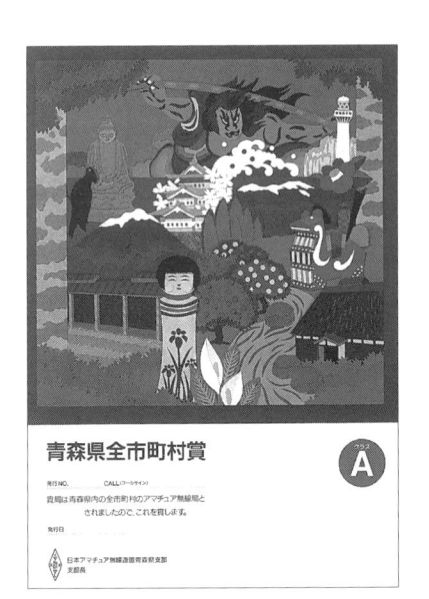

特 記：バンド，モード．
申 請：申請書B（市町村名明記）＋500円
〒038-3645 北津軽郡板柳町辻字松元80-10
長内 伸（JA7OUV）
E-Mail…ja7ouv@jarl.com
URL：http://www.jarl.com/aomori/

青森ネブタアワード

地域収集 **つづり字**

発行者：青森クラブ
発行開始：1973年10月　発行数：2,057枚
SWL：発行しない　外国局：発行しない
アワードのサイズ：A4大
ルール：取得したQSLカードのテールレターを使い「AOMORI NEBUTA」とつづる．
青森市内2局に限りサフィックスのいずれの文字も使用できる．またサフィックスに関わらずいずれの文字にも代用できる．
金賞…青森市1局を含む7エリアの局と世界6大陸の局でつづる
銀賞…青森市2局を含め7エリアの局のみでつづる
銅賞…青森市1局を含め1～0エリアの局でつづる
特 記：バンド，モード．
申 請：申請書C＋500円
〒030-0861 青森市長島3-7-6　木村 邦衛（JA7CCG）
E-Mail…ja7ccg@jarl.com

安曇野クラブアワード

つづり字

発行者：安曇野クラブ
発行開始：1987年7月29日　発行数：103枚
SWL：発行する　外国局：発行しない．
アワードのサイズ：A4
ルール：QSLカードのテールレターで「AZUMINOKURABU」とつづり，安曇野クラブの印のあるQSLカード1枚を加えて14枚で完成．JA0YINのQSLカードは安曇野クラブの印のあるQSLカードに代用可．ただし2007年9月29日以降の交信が有効．
特 記：希望事項．
申 請：申請書C＋500円
〒399-8102 安曇野市三郷温3002-4
宮川 英夫（JA0CCL）
E-Mail…ja0ccl@jarl.com

参　考：申請者のメールアドレスを明記．
URL：http://blogs.yahoo.co.jp/azuminoclub/folder/257744.html

石川県全市町交信アワード

地域収集

発行者：JARL石川県支部
発行開始：1980年9月1日　発行数：146枚
SWL：発行しない　外国局：発行しない
申請者の移動範囲制限：同一都道府県（石川県内局は同一市町）
アワードのサイズ：A4
ルール：1980年7月1日以降，3バンド以上を使用して石川県の全市町と交信しQSLカードを得る．QSLカードは市町名，移動先が明示してあること．同一局のQSLカードは重複使用できない．
申　請：申請書C，申請料はJARL会員無料，非会員500円．および返送料（定形外100gぶん）．
〒929-1635 石川県鹿島郡中能登町高畠ラ部37 松江 和成方　アワード事務局
参　考：交信後に自治形態の変更（村から町へ，町から市へなど）や合併があった場合は現存する市町名に読み替える．
URL：http://www.jarl.com/ishikawa/

岩手県全市町村交信賞

地域収集

発行者：JARL岩手県支部
発行開始：1981年9月20日　発行数：288枚
SWL：発行する　外国局：発行しない
申請者の移動範囲制限：同一都道府県．ただし岩手県内の申請者は同一市町村．
アワードのサイズ：B4
ルール：岩手県内に現存する市町村と次のように交信してQSLカードを得る．
QSLカードに運用地点市町村名が明記してあること．
クラスA…全市町村
クラスB…20以上の市町村
岩手県現存市町村…盛岡市，宮古市，大船渡市，花巻市，北上市，久慈市，遠野市，一関市，陸前高田市，釜石市，二戸市，八幡平市，奥州市，滝

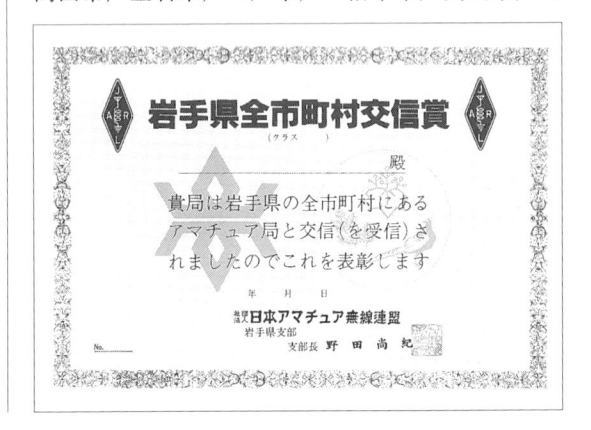

沢市(以上14市), 雫石町, 葛巻町, 岩手町, 紫波町, 矢巾町, 西和賀町, 金ヶ崎町, 平泉町, 住田町, 大槌町, 山田町, 岩泉町, 軽米町, 洋野町, 一戸町(以上15町). 田野畑村, 普代村, 野田村, 九戸村(以上4村)
特記：バンド, モード.
申請：申請書A＋JARL会員500円(会員証のコピーなどを同封), 非会員1,000円
クラスAはQSLカードを提出する. QSLカード返送に書留を希望する方は書留料を同封. そのほかのクラスはJARL正員2名の所持証明で申請.
〒028-7113 岩手県八幡平市平笠25-27
澤口 進(JF7SKQ)
E-Mail…jf7skq@lapis.plala.or.jp
URL：http://www.jarl.com/iwate/

お江戸東京・旅アワード

地域収集

発行者：東京下町アワード発行グループ
発行開始：2010年3月1日　**発行枚数**：317枚
SWL：発行する　**外国局**：発行しない
ルール：次の各賞の対象地14市区のうち13市区と交信し, さらに下町アワードメンバー1局と交信する.
東賞…中央区, 墨田区, 江東区, 葛飾区, 江戸川区, 市川市, 船橋市, 松戸市, 柏市, 流山市, 鎌ヶ谷市, 浦安市, 八潮市, 三郷市
西賞…新宿区, 文京区, 渋谷区, 中野区, 杉並区, 練馬区, 武蔵野市, 三鷹市, 府中市, 調布市, 小金井市, 小平市, 狛江市, 西東京市
南賞…千代田区, 港区, 品川区, 目黒区, 大田区, 世田谷区, 横浜市(任意の3区), 川崎市(任意の2区), 鎌倉市, 藤沢市, 大和市
北賞…台東区, 豊島区, 北区, 荒川区, 板橋区, 足立区, 川口市, 春日部市, 草加市, 越谷市, 蕨市, 戸田市, 鳩ヶ谷市(消滅したので吉川市または松伏町), さいたま市(任意の1区)
QSLカードの取得は不問. 2011年以降の交信が有効. メンバー局は各賞それぞれ, 任意の1市区のみ代用できる. 同一局との交信は運用地が異なった場合には同一日に3回まで有効. 対象市区への移動運用でなければ, 同一日に13市区＋メンバー局と交信しても可. コンテストでの交信も有効.
メンバー局…JA1DTS, JA1IQK, JA1SIQ, JE1FID, JH1RYN, JJ1CWX, 7N1RFC, 7N4WCD, JH0HOD.
特記：希望事項
申請：申請書C＋交信記録リスト(備考欄に市区名, 下町アワード・メンバー局などを記入)＋1賞に付き500円(B/P200円, その旨申請書の上部に記入)
特記が異なれば何回でも申請可能. 各賞での代用を含め, 全申請を通じて一つの交信は別特記であっても1申請にのみ有効.
特別賞…4賞すべてを完成して, 申請された局には特別賞を贈呈する.

〒131-0032 墨田区東向島3-16-16
田場 征（JA1IQK）
E-Mail…ja1iqk@jarl.com
エクセルの申請書＋対象市区リストを希望の局はE-Mailで．
URL：http://www006.upp.so-net.ne.jp/jj1cwx/oedo/oedo.html

大分県全市町村賞

地域収集

発行者：豊の國A.M.C
発行開始：2006年10月1日　**発行枚数**：118枚
SWL：発行する　**外国局**：発行しない
申請者の移動範囲：同一都道府県
アワードのサイズ：A4
ルール：申請時に現存する大分県内市町村と交信しQSLカードを得る．1か所はJG6YBIを含むこと．移動局との交信は同一日であってもすべて有効．2005年3月31日以降の交信が有効．

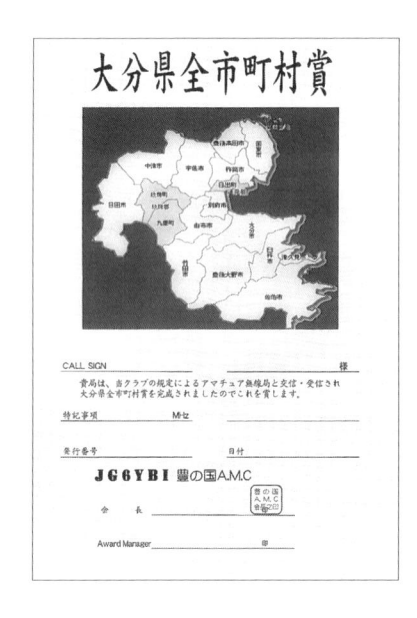

特　記：バンド，モード．
申　請：申請書C＋500円（切手不可）
〒873-0002 杵築市南杵築1766-5
小林 文雄（JM6TXQ）
E-Mail…jjm6txqg3@ab.auone-net.jp
URL：http://www.jarl.com/jg6ybi/

オール群馬アワード

地域収集

発行者：JARL群馬県支部
発行開始：1974年5月16日　**発行数**：994枚
SWL：発行する　**外国局**：発行する（IRC 8枚）
アワードのサイズ：A4
ルール：次のように交信しQSLカードを得る．
全市町村賞…群馬県内全市町村
全市全郡賞…群馬県内全市全郡
88賞…群馬県内8市8町村
73賞…群馬県内7市3郡
全市町村賞に限り，オール群馬コンテスト参加賞4枚（連続でなくても可）で1市町村に代用可．備考欄に「AGC参加証代用」と明記し，そのコピーを同封．各賞共通で「1DAY」「ALL YL」部門もあり．市町村は申請時に現存するもの．

特記：バンド，モード，その他希望事項．
申請：申請書C＋JARL会員500円，非会員1,000円（定額小為替または口座振替）．
高校生以下の局とブラインド・ハムは無料．その旨を記載すること．
〒371-0811 前橋市朝倉町2-4-10
斉木 和男（JH1QVW）
E-Mail…jh1qvw@jarl.com
URL：http://www.jarl.com/gunma

オール愛知賞

地域収集

発行者：JARL愛知県支部
発行開始：2012年7月　発行数：51枚
SWL：発行する　外国局：発行する
申請者の移動範囲制限：同一都道府県
アワードのサイズ：A4
ルール：申請時に現存する愛知県下の市区郡からQSLカードを得る．
クラスA…名古屋市を除く37市，名古屋市内16区，7郡から計60枚
クラスB…名古屋市を除く20市，名古屋市内10区，5郡から計35枚
クラスC…名古屋市を除く10市，名古屋市内5区，3郡から計18枚
同一局は周波数，電波型式が異なっても1枚のみ有効．1972年8月29日以降の交（受）信が有効．
申請：申請書C＋JARL会員500円，非会員1,000円（定額小為替または切手）＋自局QSLカード1枚
QSLカード・リストには市，郡，区名のほかに，時刻，バンド，モード，RSレポートを明記．特定申請用紙はWebサイトからダウンロードできる．

〒470-0391 豊田北郵便局私書箱第20号
JARL愛知県支部「オール愛知賞」アワード係
URL：http://www.jarl.com/aichi/

岡山市全区交信賞

地域収集

発行者：岡山アワードハンターズグループ
発行開始：2009年4月1日　発行数：270枚
SWL：発行する　外国局：発行する（無料）
アワードのサイズ：A4

ルール：岡山市全区(北，中，東，南区)＋岡山県内運用のJAG会員，計5枚のQSLカードを得る．
外国局ルール…岡山市内4局＋JAG会員1局
特記：バンド，モード
申請：申請書Cのみ．無料．電子申請可．
〒700-0003 岡山市北区半田町12-6
黒崎 百合子(JR4IKP)
E-Mail…dumbo_1941_ikp@yahoo.co.jp
参考：同一局は1回のみ．JAG会員は交信時に会員であること．
URL：http://oag2.webnode.jp/

神奈川アルファベット賞

`地域収集` `文字収集`

発行者：JARL神奈川県支部
発行開始：1985年6月23日　発行数：593枚
SWL：発行する　外国局：発行する(IRC 10枚)
申請者の移動範囲制限：同一エリア
アワードのサイズ：A4
ルール：神奈川県内で運用する局のサフィックスでアルファベットの26文字を完成させ，かつ次の条件を満たす．
条件① アルファベットは，サフィックスの各レター(トップ，ミドル，テール)ごとに別々に完成させることとし，ミックスは認めない．
条件② 1組のアルファベットの中に使用する局の運用地は市，郡，区単位とし，それぞれ一度のみ使用できる．政令指定都市である横浜市と川崎市は区として扱う．
条件③ 同一のコールサインは再指定を受けた別人であることが確認できる場合を除き，交信年月日，運用地，バンド，モードが異なっても一度限りの使用とする．
クラスC…トップレター，ミドルレター，テールレターの中から任意の1組を完成させる
クラスB…トップレター，ミドルレター，テールレターの中から任意の2組を完成させる
クラスA…トップレター，ミドルレター，テールレターの3組すべてを完成させる
クラスAA…シングルバンド，シングルモードにより，クラスAを完成させる
クラスDX(県外局対象)…上記の条件にかかわらず，神奈川県内運用局のサフィックスを使用しアルファベットの26文字を1組完成させる．どのレターの文字を使用してもよいが，使用できる文字は1局に付き1文字とする．このクラスは神奈川県内局の申請を受け付けない．
アワードのクラス別はステッカーで表示．交信年月日の制限なし．2文字局はトップレターとテールレターとして扱う．下位クラス取得者が上位クラスを申請する場合は下位クラス取得No.を明記．新たに政令指定都市が誕生した場合，区制以降の交信により得たQSLカードは区として扱う．
特記：なし
申請：申請書B＋申請料(JARL会員は定型外100gぶんの送料のみで無料．会員証の写しなど証明できるものを同封．非会員は300円)．
追加クラスのステッカーは申請書B＋定形SASE．
QSLカードの所持証明者はアマチュア局であればJARL会員・非会員を問わない．
特例措置として，QSLカードの所持証明を受けることが困難な場合，QSLカードの送付による申請も認める．その場合は書留便とし，返送用のSASEを同封すること．内容が確認できる程度に鮮明であれば，コピー代用も可．

〒238-0051 横須賀市不入斗町1-69
只井 昭一（JJ1JIS）
TEL/FAX…046-824-8290
E-Mail…jj1jis@jarl.com
URL：**http://www.jarlkn.info/**

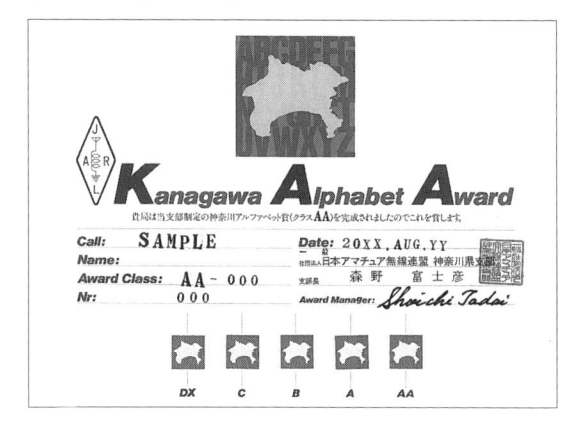

岐阜木曽三川賞

`地域収集` `局数収集`

発行者：JARL岐阜県支部
発行開始：2009年7月15日　**発行枚数**：29枚
SWL：発行しない　**外国局**：発行しない
アワードのサイズ：A4
ルール：岐阜県内の陸上で運用するアマチュア局より得たQSLカードに記載している，運用地のJCC/JCGナンバーの合計して，各クラスのポイントをクリアする．オール岐阜コンテストの交信はポイントを2倍とする．同一局との交信は同一年内に1回のみ有効．2007年6月1日以降の交信が有効．
クラス木曽川…3,000,000ポイント
クラス長良川…1,000,000ポイント
クラス揖斐川…500,000ポイント
例 岐阜市（JCC#1901）は1,901ポイント，加茂郡（JCG#19008）は19,008ポイント．

特記：バンド，モード．
申請：申請書C＋400円
QSLカード・リストはポイントの算出が容易にわかる記載が望ましい．
〒509-0114 各務原市緑苑中2-68 風岡昭治方
JARL岐阜県支部アワード委員会
E-Mail…je2jaq@jarl.com.
問い合わせはSASEまたはE-Mailにて．
参考：アワードは毎月1回の発送とする．アワードは美濃地方で古くから生産されていた「美濃和紙」を使用し，職人に1枚1枚手漉きしてもらったもの．
URL：**http://jarl-gifu.seesaa.net/**（アワードのリンクをクリック）

JARL倉敷クラブAWARD

`地域収集`

発行者：JARL倉敷クラブ
発行開始：1976年8月1日　**発行数**：555枚
SWL：発行する　**外国局**：発行する（US 10ドル）
アワードのサイズ：A4
ルール：倉敷市内の局と交（受）信し，次のポイントを得る．

クラスA…100ポイント
クラスB…50ポイント
クラスC…30ポイント
クラスD…20ポイント

倉敷クラブ(JA4YAB)のクラブ員との交(受)信は4ポイント，そのほかの倉敷市内の局との交(受)信は2ポイントとする．

バンド，モードが異なっても同一局は1回のみ有効．クロスバンド交信は無効．移動先明記の倉敷クラブ員のQSLカードは有効．他地域からの倉敷市内での移動運用は認めない．1959年9月13日以降の交信が有効．

クラブメンバー(2015年5月17日現在)…
JA4KC，JA4KI，JA4LI，JA4TI，JA4AJB，JA4AO，JA4AXM，JA4BAX，JA4LXZ，JA4OOY，JA4PMP．JH4DGW，JH4EOO，JH4GNE．JR4BXK，JR4HKF．JE4NHC，JE4OXP，JE4SMQ，JG4BCG，JG4GAD，JG4JZB，JI4GAU，JI4MUW，JI4SUY，JK4DIN，JL4GYU，JL4SMB，JL4TTY．JM4WQP．JN4DLY

特 記：バンド，モード．
申 請：申請書C＋500円
〒719-1126 総社市総社1360-4
光成 清志(JL4TTY)
E-Mail…jl4tty@jarl.com
URL：http://www.jarl.com/ja4yab

高知賞

地域収集

発行者：JARL高知県支部
発行開始：1992年4月1日　発行数：320枚
SWL：発行する　外国局：発行する(IRC 7枚)
申請者の移動範囲制限：同一都道府県
アワードのサイズ：A4
ルール：高知県内の異なる市町村と交信してQSLカードを得る．
クラスEX…異なる局で全市町村
クラスA…異なる20市町村

クラスB…異なる10市町村
クラスA，Bは地区が変われば同一局でもよい．
特記：一般的特記事項
申請：申請書B＋500円＋官製ハガキ
官製ハガキは不備の際の連絡用で使わないときは返却．
〒781-6401 安芸郡奈半利町甲87-2
田村 隆一（JH5RMW）
URL：http://www.jarl.com/kochi/

高知AZ賞

地域収集　文字収集

発行者：JARL高知県支部
発行開始：2001年4月1日
SWL：発行する　外国局：発行しない
申請者の移動範囲制限：同一都道府県
アワードのサイズ：A4
ルール：高知県内局のQSLカードのサフィックスを使ってアルファベット26文字を集める．
クラスEX…トップレターでA～Z
クラスA…ミドルレターでA～Z
クラスB…ラストレターでA～Z
クラスC…サフィックスの1文字を使ってA～Z
2文字局はサフィックスの1文字目をトップレター，2文字目をミドルレターまたはラストレターとする．
クラスA，B，Cは1枚に限りJARL高知県支部発行の各種記念QSLカードを代用できる．
特記：全常置局
申請：申請書B＋500円
〒780-0911 高知市新屋敷1-9-5-11
西川 正時（JA5BM）
E-Mail…ja5bm@hotmail.com

URL：http://www.jarl.com/kochi/

コンテストマニア賞（CMA）

地域収集

発行者：関西コンテストマニアクラブ（KCM）
発行開始：1987年8月15日　発行数：70枚
SWL：発行する　外国局：発行する
申請者の移動制限：なし
アワードのサイズ：A4
ルール：コンテストによる交信で，1バンドにおける1都府県・地域などとの交信を1ポイントとし，50ポイントのQSLカードを得る．
以降50ポイントごとにステッカーを発行する．同一都府県・地域などは同一バンドで1ポイントのみカウントする．沖ノ鳥島（49）と南鳥島（50）は小笠原（48）に含む．1バンドで全都府県・地域など（61ポイント）のQSLカードを得た場合は，バンドごとにパーフェクト・ステッカーを発行する．
有効コンテストは，主催者がJARLもしくはJARL登録クラブ，全エリアから参加可能，48時間以内

に終了するものに限る．特定申請書に主な有効コンテストの一覧を掲載．QSO BankやeQSLなどで得られた電子QSLカードも有効．

特　記：モード，運用地（都道府県），QRPほか．

申　請：申請書C＋申請料無料．

特定申請書をE-Mailの添付ファイルで送付，もしくは郵送する．特定申請書はWebサイトよりダウンロードまたはSASEで請求する．紙アワードやステッカーを希望しない場合はPDF化したアワードをE-Mailで送付し，Webサイトでランキングを公表する．

〒667-1104　養父市尾崎346-1　小川　宏昭（JR3SCG）

E-Mail…futamigawa-f@fureai-net.tv

URL：http://www.jarl.com/kcm

埼玉100局賞

地域収集　局数収集

発行者：埼玉アワードハンターズグループ

発行開始：1998年4月1日　**発行数**：324枚

SWL：発行する　**外国局**：発行する（US 5ドル）

アワードのサイズ：A4

ルール：埼玉県内の100局と交信してQSLカードを得る．

以降100局ごとにステッカーを発行（エンドレス）．同一局はバンド，モードが異なっても1回のみ有効．

特　記：希望事項

申　請：申請書C＋500円（B/P手帳番号のみで無料）．ステッカーは100円×枚数＋SASE，ステッカー台紙は200円．

〒360-0111　熊谷市押切2653-19

佐藤　圭一（JR1DHD）

E-Mail…jr1dhd@jarl.com

URL：http://www.jarl.com/sahg

白石こけし賞

つづり字

発行者：白石アマチュア無線クラブ

発行数：141枚

SWL：発行する　**外国局**：発行する（無料）

アワードのサイズ：A4

ルール：次のように交信しQSLカードを得る．

A賞…JA7YWEクラブ員10局，さらに21局のテールレターで「SHIROISHI KOKESHI AWARD」とつづる

B賞…JA7YWEクラブ員2局，さらに21局のテールレターで「SHIROISHI KOKESHI AWARD」と

第3章　完成を目指したいアワード一覧

つづる
1987年5月1日以降の交信が有効．
申請：申請書A，無料．
〒989-0291　白石郵便局私書箱8号
白石アマチュア無線クラブ　アワード係
参考：A賞には無料で名産こけしを贈る．

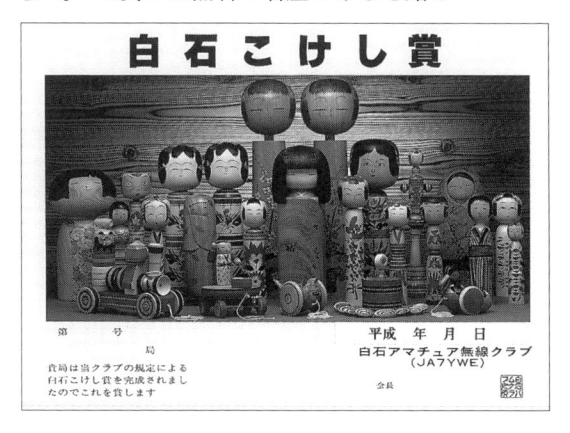

全愛知交信賞

【地域収集】

発行者：愛知2mSSB愛好会
発行開始：2003年5月1日　**発行数**：77枚
SWL：発行する　**外国局**：発行しない
アワードのサイズ：A4
ルール：次の条件を満たすように交信し，QSLカードを得る．
クラスEX…申請時に現存する愛知県の全市区町村
クラスA…申請時に現存する愛知県の全市全郡
愛知2mSSB愛好会メンバーのQSLカードはすべてのポイントに1回のみ代用可（備考欄に明記）．
メンバー・リストはWebサイトを参照．
特記：バンド，モード．
申請：申請書C＋500円
〒462-0016　名古屋市北区西味鋺3-603　宝マンション西味鋺第二603　髙嶋 芳章（JL2SRP）
E-Mail…jl2srp@jarl.com
URL：http://www3.hp-ez.com/hp/aichi2mssb/index

全関東交信賞Ⅲ

【地域収集】【局数収集】

発行者：関東アワードハンターズグループ
発行開始：1988年　**発行数**：101枚
SWL：発行する　**外国局**：発行する（無料）

アワードのサイズ：A4

ルール：1エリアの1都7県各100局よりQSLカードを得る．JD1を含むこと．
同一局はバンドが異なっても1回しかカウントしない．

特記：希望事項

申請：申請書C＋定型外100gぶんの切手

〒225-0011 横浜市青葉区あざみ野2-7-13
野本 建夫（JO1WZM）
E-Mail…jo1wzm@jarl.com

全九州賞（All Kyushu Award）

地域収集

発行者：天領アワードハンターズグループ（THAG）

発行開始：1999年3月1日　発行数：73枚

SWL：発行する　外国局：発行する（IRC 4枚）

申請者の移動範囲制限：同一都道府県

アワードのサイズ：A4

ルール：九州8県の全市，全郡，全区よりQSLカードを得る

クラスAA…3バンドで各バンドごとにQSLカードを得る

クラスA…2バンドで各バンドごとにQSLカードを得る

クラスB…1バンドでQSLカードを得る

クラスC…バンドに関係なくQSLカードを得る
144MHz以上は1バンドで2バンドぶんとみなす．
THAGメンバーのQSLカードは1枚で3地区に代用できる．ただし，同一バンド内に1局1枚で2局まで認められる．クラスCについても1局1枚で3地区に代用でき，2局まで認められる．THAG創立10周年記念QSLカード，THAG創立15周年記念QSLカード，THAG創立20周年記念QSLカード（No.なし，No.2，No.3，No.4，No.5）は，各クラスとも1枚で同一バンド内の6地区（バンドごとには3枚まで）に代用できる．

特記：バンド，モード

申請：申請書C＋400円．クラスAAは申請料無料，定形外100gぶんの切手のみ．

〒879-4413 玖珠郡玖珠町塚脇324-1
相良 泰介（JF6PSQ）
E-Mail…jf6psq@jarl.com
URL：http://www.jarl.com/thag/

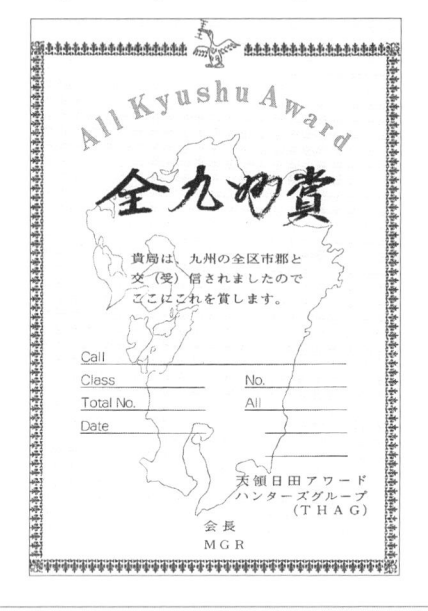

全国町村交（受）信賞

地域収集

発行者：ジャパン・アワードハンターズ・グループ（JAG）

発行開始：1981年1月1日　発行数：812枚

SWL：発行する　外国局：発行する（US 5ドル）

申請者の移動範囲制限：同一都道府県

アワードのサイズ：A4

ルール：全国の異なる町村よりQSLカードを得る．

クラス300…異なる300町村（DX局のみ）
クラス500…異なる500町村（賞状）
クラス700…異なる700町村（ステッカー）
クラス900…異なる900町村（ステッカー）
クラス1000…異なる1,000町村（賞状）
クラス1500…異なる1,500町村（ステッカー）
クラス2000…異なる2,000町村（ステッカー）
クラス2200…異なる2,200町村（ステッカー）
クラス2400…異なる2,400町村（ステッカー）
クラス2500…異なる2,500町村（ステッカー）
クラス2600以上…異なる2,600町村（ステッカー）
クラス全町村…現存するすべての町村（賞状）

町村はJAGの町村リストに掲載されている町村とする．クラス1000～2600は消滅した町村も有効．村が町に昇格しても同一として別カウントしない．

特記：バンド，モード，同一都道府県，同一エリア．

申請：申請書C＋500円（ステッカーはSASE＋100円）

〒960-1433 伊達郡川俣町賎ノ田28-40
広野 孝光（JA7FVA）
E-Mail…ja7fva@jarl.com

参考：町村リストは角3サイズの大型封筒に定型外100gぶんの切手を貼ったSASEで申請先へ請求．またはWebサイトよりダウンロードできる．

URL：http://www.jarl.com/jag/

全信越アワード

地域収集

発行者：JARL信越地方本部
発行開始：2016年1月1日
SWL：発行する　外国局：発行しない
アワードのサイズ：A4

ルール：信越地方（０エリア）管内で運用するアマチュア局と交信し，申請時に信越地方管内に現存する全市町村（107市町村）または全市全郡（39市23郡）からQSLカードを得る（2015年11月現在）．

クラスA…全市町村賞
クラスB…全市全郡賞

2016年1月1日以降の交信が有効．

特記：バンド，モード．

申請：申請書C＋JARL会員500円（非会員800円）
申請書は，Webサイトからダウンロードできる．

〒381-0045 長野市桐原2-22-8　滝沢 和昌（JA０CCR）
E-Mail…ja0ccr@jarl.com

URL：http://www.jarl.com/sinnetu/

全千葉交信賞

地域収集

発行者：JARL千葉県支部
発行開始：1974年4月1日　**発行数**：551枚
SWL：発行する　**外国局**：発行しない
申請者の移動範囲制限：同一都道府県
アワードのサイズ：A4
ルール：申請時に現存する千葉県内全市全郡各1局のQSLカードを得る．
1974年4月1日以降の交信が有効．
特記：JARLに順ずる．
申請：申請書C＋300円
〒275-0001 習志野市東習志野6-6-11
塚川 順一（JR1OGW）
E-Mail…jr1ogw@jarl.com

全福島賞

地域収集

発行者：JARL福島県支部
発行開始：1973年　**発行数**：約1,000枚
SWL：発行する　**外国局**：発行する（IRC 10枚）
申請者の移動範囲制限：同一エリア内
アワードのサイズ：A4
ルール：次の条件を満たすように交信し，QSLカードを得る．
全福島賞…福島県内の異なる10市郡
全福島特別賞…福島県内の異なる26市郡（全市郡）
1972年4月1日以降の交信が有効．消滅市郡は無効．
特記：バンド，モード．
申請：申請書C＋500円（JARL非会員は1,000円），小額切手代用可．
〒963-4435 田村市船引町大倉字鐇田98
佐久間 一郎（JA7EFR）
E-Mail…ja7efr@jarl.com
参考：申請先はJARL福島県支部長であり，交代することがあるので申請前に確認すること．
URL：http://www.jarl.com/fukushima/

第3章　完成を目指したいアワード一覧

高槻クラブ賞

地域収集 **局数収集**

発行者：高槻クラブ
発行開始：1959年9月　　発行数：2,380枚
SWL：発行しない　　外国局：発行する（IRC 5枚）
申請者の移動の範囲制限：同一市区町村
アワードのサイズ：A4
ルール：3エリアのアマチュア局から次の数のQSLカードを得る．
金賞…2府4県各200局ずつ．うち100局は高槻市内局
銀賞…2府4県各20局ずつ．うち10局は高槻市内局
銅賞…2府4県各2局ずつ．うち1局は高槻市内局
相手局が移動運用のときは，移動地が明記してあること．
特記：バンド，モードなど．
申請：申請書C＋500円（B/P無料）
アワード申請書，QSLカード・リストはWebサイトからダウンロードできる
〒569-8691　高槻郵便局私書箱6号
高槻アマチュア無線クラブ
URL：http://www.jarl.com/takatsuki/

地球岬アワード第三弾

つづり字

発行者：地球岬ハムクラブ
発行開始：1990年10月1日　　発行数：854枚
SWL：発行する
外国局：発行する（申請料＋郵送料）
アワードのサイズ：A4
ルール：北海道の局のトップレターで「CHIKYUMISAKI」とつづり，室蘭局（常置場所が室蘭市内であれば移動局も可）またはクラブ・メンバー局を1局加える．
特記：希望事項．
申請：申請書B＋500円＋自局QSLカード
〒050-0071　室蘭市水元町12-1　JA8QP　佐藤 潤

土浦クラブアワード

地域収集

発行者：土浦アマチュア無線クラブ
発行開始：1980年7月1日　　発行数：387枚
SWL：発行する　　外国局：発行する（IRC 6枚）
申請者の移動範囲制限：同一都道府県
アワードのサイズ：A4

ルール：土浦クラブ員1局以上を含む土浦市在住の10局のQSLカードを得る．

市外在住のクラブ員も有効．100名を超えるメンバー・リストはWebサイトを参照．

特記：バンド，モード．

申請：申請書C＋400円

〒300-0819 土浦市上高津新町5-52

坂本 竜一（JE1OON）

URL：http://t-amc.info/

天領日田賞

地域収集　その他

発行者：井上ファミリーグループ

発行開始：1988年5月1日　発行数：598枚

SWL：発行する　外国局：発行する（IRC 8枚）

アワードのサイズ：A4

ルール：JCC，JCGナンバーの末尾が4の市，郡（例 JCC#4404，JCG#01034など）の局と交信してQSLカードを得る．

クラス天領…100地区

クラス日隈…75地区

クラス月隈…50地区

クラス星隈…25地区

クラス三隈（V/UHF帯のみ）…10局の井上さんと交信し，QSLカードを得る．ローマ字表記の局はコールブックで井上さんと確認できればよい．井と上の字を含む2局（例 吉井さん＋上野さん）でも井上さん1局と認める．

同一局との交信は，バンド，モードが異なっても1回のみ有効．メンバー1局で未交信の3地区に代用可．日田市在住局（市外移動も可）および日田市移動については，1局で1地区代用可．ただし5局までとする．THAG創立記念QSLカードは各QSLカードごとに1枚で3地区に代用可．井上ファミリーハムクラブのメンバー（JR6QJR，JE6PPK，JI6WVO，JI6WVP，JO6PLA）に，天領日田アワードハンターズグループ（THAG）のメンバーを含む．THAGメンバー・リストはWebサイト（**http://www.jarl.com/thag/**）を参照．

特記：バンド，モードほか．

申請：申請書C＋400円

〒877-0047 日田市中本町6-13

井上 信行（JR6QJR）

E-Mail…jr6qjr@jarl.com

URL：**http://www.geocities.jp/jugemu_jr6qjr/jr6qjr/**

第3章　完成を目指したいアワード一覧

東京消防AWARD

[地域収集] [局数収集]

発行者：東京消防庁アマチュア無線部会
発行開始：2001年12月15日　発行数：225枚
SWL：発行する　外国局：発行しない
アワードのサイズ：A4
ルール：次の条件を満たすように交信してQSLカードを得る．

ClassQQ…コールサインに「Q」を含む任意の9局＋消防局1局，合計10局

ClassB…JI1YUA 1枚または当部会会員局1枚＋東京局19枚，合計20局

ClassA…JI1YUA 1枚または当部会会員局1枚＋東京局119枚，合計120局

ClassA Perfect…クラスAを東京消防庁管内のすべての区市町村を含み完成させる．

パーフェクト賞を構成する区市町村に変更があった場合は，最終交信日を基準とする．パーフェクト賞には東京消防庁オリジナル・グッズの副賞を授与する．

東京局とは，東京消防庁管轄区域（東京都の稲城市および諸島地域を除く地域）で運用する局（移動局も含む）．会員局は運用地を問わず東京局とし，任意の区市町村に代用可．会員局リストはWebサイトを参照．消防局とは，全国の消防機関に勤務する個人が運用するアマチュア無線局および消防組織が運用する社団局をいう．同一局はバンドまたはモードが異なれば有効（備考欄に記載必要）．2001年1月1日以降の交信が有効．

特記：バンド，モード．
申請：申請書C＋300円
〒348-0071 羽生市南羽生1-21-8

神山 正俊（JH1HHC）
E-Mail…jh1hhc@arrl.net
URL：http://tfdaward.edo-jidai.com/award/

東京都支部賞

[地域収集] [局数収集]

発行者：JARL東京都支部
発行開始：1997年4月1日　発行数：489枚
SWL：発行する　外国局：発行する（IRC 2枚）
アワードのサイズ：A4
ルール：東京都の区，市，郡，支庁の陸上で運用する局と交信してQSLカードを得る．

レピータ利用の交信も有効．1972年8月29日以降の交信が有効．

250局賞，500局賞，1000局賞，以降1000局ごとに発行し，上限なし．

同一局はバンド・モードが異なれば有効．免許人の異なる再割当の局も別局として有効．ただし氏名・常置場所などで明確に別局と判断できること．

特記：バンド，モードほか（移動範囲は同一都道

アマチュア無線 アワードハント・ガイド　131

府県またはコール・エリア).

申　請：申請書C＋定型外100gぶんの切手，申請料は無料.

〒180-0023　武蔵野市境南町3-5-1

伊藤　善文（JL1FDX）

E-Mail…jl1fdx@jarl.com

参　考：QSLカード・リストはコールサイン順に．上位のアワードを申請する場合は，以前に受領したアワードの発行番号を記入すれば，追加ぶんのリストのみで可．

URL：http://www.jarl-tokyo.com/

鳥取50局賞

地域収集

発行者：JARL鳥取県支部

発行開始：1987年9月1日　**発行数**：229枚

SWL：発行する　**外国局**：発行しない

申請者の移動範囲制限：同一都道府県

アワードのサイズ：A4

ルール：鳥取県内に常置場所を有するアマチュア局50局と交信し，4市5郡を含む50局のQSLカードを得る．

特　記：バンド，モード．

申　請：申請書C＋500円（JARL非会員は1,000円）

〒683-0802　米子市東福原7-16-2

有田　英雄（JR4MUX）

参　考：移動局は無効．リストには市・郡名を明記．

URL：http://www.jarl.com/tottori/

富山県全市町村交信賞

地域収集

発行者：JARL富山県支部

発行開始：1979年7月1日　**発行数**：154枚

SWL：発行する　**外国局**：発行しない

申請者の移動範囲制限：同一都道府県，ただし富山県内の申請者は同一市町村．

アワードのサイズ：B5

ルール：3バンド以上を使用して富山県の全市町村よりQSLカードを得る．同一局のQSLカードは1枚のみ使用可．申請時に添付するQSLカードは申請時に現存する市町村との交信が明示されたものであること．

特　記：なし．

第3章　完成を目指したいアワード一覧

申請：申請書C＋定形外100gぶんの切手．申請料はJARL会員無料，非会員500円．
〒938-0013 黒部市沓掛3761　髙村 浩之（JH9FEH）
E-Mail…jh9feh@jarl.com
参考：申請先はJARL富山県支部長となる．交代することがあるのでJARL NEWSなどで支部長を確認．
URL：http://www.jarl.com/toyama/

で使用可．
特記：バンド，モード，全局常置場所運用局（特記番号付記）．
申請：申請書A＋500円＋自局のQSLカード＋アワード受け取りラベル（申請書に印刷されている場合は不要）．専用の申請書と交信局リストは，Webサイトからダウンロードもしくは SASE で請求できる．申請書には，申請者名のローマ字表記を併記する．
〒383-0023 中野市小舘5-16　新井 正明（JH0IEW）
E-Mail…jh0iew@jarl.com
URL：http://jarl-nn.asama-net.com/index.php

長野県全市全郡賞

地域収集

発行者：JARL長野県支部
発行開始：1999年6月1日　**発行数**：95枚
SWL：発行する　**外国局**：発行する（IRC 10枚）
申請者の移動範囲制限：同一都道府県
アワードのサイズ：A4
ルール：現存する長野県全市全郡を信越総合通信局がコールサインを発給した局と交信しQSLカードを得る．
1990年1月1日以降の交信が有効．同一局は3枚ま

名古屋60賞

地域収集

発行者：アマチュア無線クラブロクマル学校
発行開始：1983年3月1日　**発行数**：849枚
SWL：発行する　**外国局**：発行する（US 5ドル）
申請者の移動範囲制限：同一都道府県

アワードのサイズ：A4

ルール：名古屋市内の16区から，下記の条件を満たしてQSLカードを得る．ただし，市外の局でも当クラブ員のQSLカードはそれ以外の市内局にカウントできる．

ロクマル賞…各区3局ずつ計48局とそれ以外の市内局12局，合計60局

クラスS…各区2局ずつ計32局とそれ以外の市内局14局，計46局

クラスA…各区2局ずつ計32局とそれ以外の市内局4局，合計36局

クラスB…各区1局ずつ計16局

クラスC…区に関係なく6局

特記：バンド，モード．

申請：申請書A＋500円（上位クラス申請者は各クラスとも100円＋郵送料）

〒460-8691 名古屋中郵便局私書箱97号
アマチュア無線クラブロクマル学校 アワード係

URL：http://www.jarl.com/ja2yyb/

なにわ賞

文字収集

発行者：JARL大阪府支部

発行数：2,309枚

SWL：発行する　外国局：発行する（IRC 5枚）

申請者の移動範囲制限：同一都道府県

アワードのサイズ：A4

ルール：JA3, JH3, JR3, JE3など近畿総合通信局管内に指定されるコールサインの局であって，大阪府支部管内（大阪府）にて運用する局のテールレターでA〜Zまで26枚のQSLカードを得る．申請書には交信相手局の運用地を明記すること．3バンド，5バンド，7バンドにて完成の場合はステッカーを発行する．3バンドで完成とは，異なる3バンドそれぞれでA〜Z，計78枚のQSLカードを得ることを指す．

特記：バンド，モード．

申請：申請書C＋500円

〒589-0022 大阪狭山市西山台5-2-19-203
中浴 嗣也（JA3UJR）
E-Mail…ja3ujr@jarl.com

URL：http://www.jarl.com/osaka/

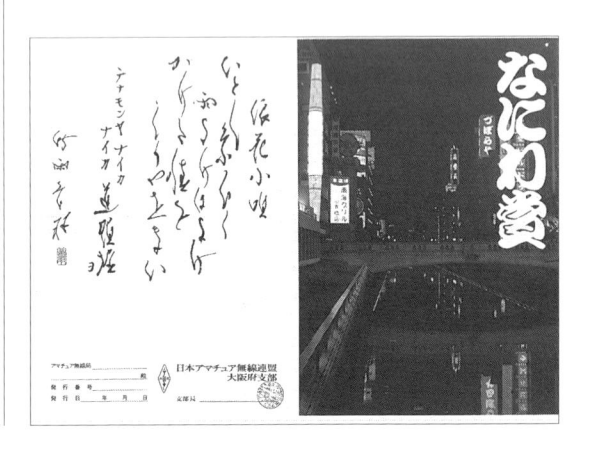

奈良あわぁど

地域収集

発行者：奈良クラブ
発行開始：1976年以前
SWL：発行する　**外国局**：発行する（IRC 8枚）
申請者の移動範囲制限：同一都道府県
アワードのサイズ：A4
ルール：奈良県内の局と交信し，次の表に示すポイントを得る．1973年4月1日以降の奈良クラブ員局との交信は5ポイント，それ以前のクラブ員局との交信およびクラブ員以外との交信は1ポイントとする．メンバー局リストはWebサイトを参照．

	他府県局の申請	奈良県内局の申請	国外局の申請
クラスA	50ポイント	100ポイント	15ポイント
クラスB	30ポイント	60ポイント	10ポイント
クラスC	20ポイント	40ポイント	5ポイント

申　請：申請書C＋500円

〒630-8015 奈良市四条大路南町15-9
出原 保雄（JF3DRT）
E-Mail…jf3drt@jarl.com
参　考：アワードの写真は奈良薬師寺三重塔（680年建立）水煙．写真家 入江 泰吉氏提供．
URL：http://www.eonet.ne.jp/~ja3eyp/

日本の道アワード

地域収集

発行者：アマチュア無線近畿大正会
発行開始：2008年1月1日　**発行数**：1,575枚
SWL：発行する　**外国局**：発行しない
アワードのサイズ：A4
ルール：近畿大正会が制定する路線リストにある路線ごとの始点となる市（東京23区）郡と，終点となる市（東京23区）郡で運用した局のQSLカードを各1枚得る．パーフェクト賞，ゴールド賞は市区町村と交信してQSLカードを得る．
路線賞…各路線の始点と終点の市，郡から運用する局と交信すれば1路線完成．
国道1号線を例に上げると，始点・東京都千代田区〜終点・大阪市北区なので，東京都23区内の1区と大阪市の各1枚のQSLカードで完成．
一般局部門，移動局部門，SWL部門があり，それぞれ基本は路線賞となる．そのほか路線パーフェクト賞，マイレージ賞，シルバー賞，ゴールド賞などがある．2007年1月1日以降の交信が有効．
路線リストはWebサイトからダウンロードできる．
特　記：希望事項．
申　請：特定申請用紙＋400円
特定申請用紙は申請先までSASEまたはE-Mailで請求．
〒599-0221 阪南市石田60-6-37-304
讃岐 正一（JM3SNJ）

E-Mail…jm3snj@jarl.com
参 考：希望により，申請した国道の標識が入った写真でデザインできる．もちろん，申請者が写っていてもOK！
URL：http://www.jh3yaa.com/

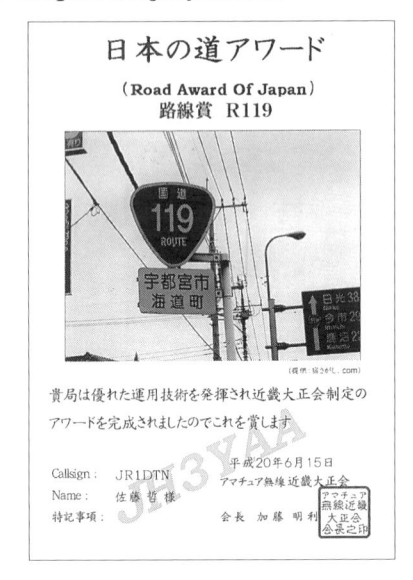

浜松市全区賞

地域収集

発行者：JA2PFZ 富永 厚平
発行開始：2002年4月1日　発行数：71枚
SWL：発行する
外国局：国内局を通じて発行する(500円)
アワードのサイズ：A4
ルール：申請時に現存する浜松市の各区(中区，東区，南区，西区，北区，浜北区，天竜区)と交信し，QSLカードを得る．
A賞…全区より10枚ずつ計70枚
B賞…全区より3枚ずつ計21枚
C賞…全区より1枚ずつ計7枚
特記：バンド，モードほか．

申 請：申請書C＋500円(定額小為替または振込)
ゆうちょ銀行 12330-3935821 富永厚平
メールによる申請可．
〒433-8105 浜松市三方原町785-5
冨永 厚平(JA2PFZ)
E-Mail…ja2pfz@jarl.com
URL：http://tom.o.oo7.jp

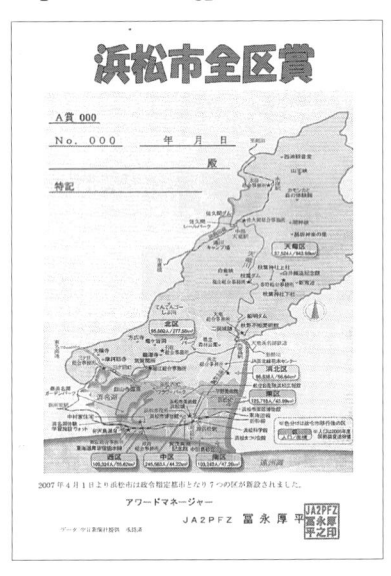

阪神クラブ賞

地域収集

発行者：阪神クラブ
発行開始：不明(1961年発行の全日本賞状証書総覧には掲載されている)
発行数：2,045枚
SWL：発行する　外国局：発行する(IRC 6枚)
アワードのサイズ：A4
ルール：尼崎市，伊丹市，川西市，宝塚市，西宮市，芦屋市，神戸市からQSLカードを得る．
同一局は1回のみ．JA3YAAのQSLカードは運用地に関係なく7市のうちの1市に代用可．

特記：バンド，モード．
申請：申請書C（メールでの申請可）＋400円（PDFファイルで発行の場合は無料）
〒662-0838 西宮市能登町12-58-517
前田 充彦（JL3WXS）
E-Mail…jl3wxs@jarl.com
URL：http://www.hanshin-club.sakura.ne.jp/

申請方法：申請書C＋400円
申請先：〒824-0601 福岡県田川郡添田町庄1138-4
加來 勉（JG6JMQ）
E-Mail…jg6jmq@jarl.com
URL：http://www.jarl.com/thag/

日田どんあわーどⅡ

つづり字

発行者：天領日田アワードハンターズグループ（THAG）
発行開始：2002年1月1日　発行枚数：141枚
SWL：発行する　外国局：発行する（IRC 8枚）
アワードのサイズ：A4
ルール：取得QSLカードの国内外のプリフィックスの1文字を使用して「HITADON AWARD 2」とつづる．
数字はエリア・ナンバーを使用する．1990年1月1日以降の交信が有効．THAGメンバーはどの文字にも代用できる．メンバー・リストはWebサイトを参照．
特記：希望事項

平安建都1200年記念アワード

地域収集　**局数収集**

発行者：JARL京都府支部
発行開始：1989年10月1日　発行数：250枚
SWL：発行する
外国局：発行する（US 3ドルまたはIRC 3枚）
申請者の移動範囲制限：同一都道府県
アワードのサイズ：B4
ルール：京都府下または京都市内の局のテールレターで「KYOTO」とつづる．クラスは次のとおり．
クラスEX…京都市の11区 各10局ずつを含む京都市内の任意の1,200局からQSLカードを得てつづる．
クラスA…京都市の11区を含む京都府下の任意の1,200局からQSLカードを得てつづる．

クラスB…京都市の1局を含む京都府下の任意の120局からQSLカードを得てつづる.

クラスC…京都市の1局を含む京都府下の任意の12局からQSLカードを得てつづる.

特 記：バンド，モード．

申 請：申請書A＋500円（B/P無料）

クラスEXとAは特定申請書あり，SASEで請求する．クラスEXには副賞に楯を贈呈する．

〒617-8691 向日町郵便局私書箱21号

橋本 正（JA3OIN）

E-Mail…ja3oin@khn.co.jp

URL：http://www.jarl.com/kyoto/

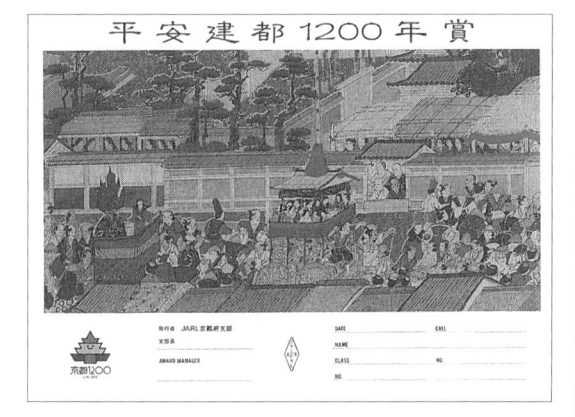

別府温泉アワード

つづり字

発行者：アマチュア無線別府アワード委員会

発行開始：2004年11月1日　発行数：443枚

SWL：発行する

外国局：国内代理局に発行する（500円）

ルール：次の各賞の条件に合うように交信してQSLカードを得る．

八湯賞…「BEPPU」「KANNAWA」「MYOUBAN」「SIBASEKI」「KAMEGAWA」「HORITA」「KANKAIJI」「HAMAWAKI」をWAJAを含みテールレターでつづる＋認定QSLカード8種類，計65枚．

湯けむり賞…「BEPPU HATTOU ONSEN MEGURI」を，AJDを含みテールレターでつづる＋認定QSLカード5種類，計27枚．

湯の花賞…「BEPPU HATTOU」をテールレターでつづる＋認定QSLカード1種類，計12枚．

2000年1月1日以降の交信が有効．認定QSLカードとはメンバー局が発行する別府八湯認定QSLカードのこと．

メンバー局…JE6GKR, JF6CHA, JG6WBO, JI6QJX, JI6WWE, JL6BEX, JM6TXQ, JO6DPS, JQ6DSD, JQ6SHJ, JH1PWX

特 記：バンド，モード．

申 請：申請書C＋500円

特定申請書はWebサイトからダウンロードできる．

〒874-0849 別府市扇山町19組の2

右田 忠（JO6DPS）

E-Mail…jo6dps@jarl.com

URL：http://www.jarl.com/jg6ybi

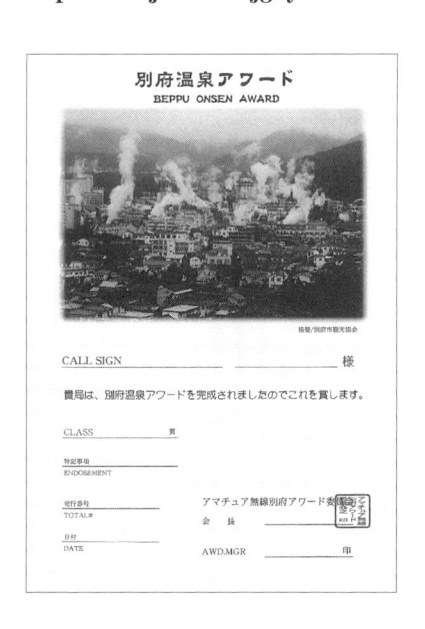

第3章　完成を目指したいアワード一覧

北陸全市町村交信賞

地域収集

発行者：JARL北陸地方本部

発行開始：1980年7月1日　発行数：102枚

SWL：発行する　外国局：発行しない

アワードのサイズ：A4

ルール：JARL富山，福井，石川県支部発行の「全市町村賞」を得る．

申請：申請書に富山，福井，石川県全市町村賞の証書番号と取得年月日を記入して北陸地方本部長に申請する．申請料200円．申請はJARL会員に限る．

〒939-8102 富山市昭和新町37-13

柴田 雄司（JA9BHE）

E-Mail…ja9bhe@jarl.com

地方本部長は交代することがあるので，申請前にはJARL NEWSなどで確認すること．

URL：http://www.jarl.com/hokuriku/

六ツ子賞

コールサイン

発行者：JI1CMZ 鈴木 俊雄

発行開始：1978年1月1日　発行数：317枚

SWL：発行する

外国局：発行する（IRC 7枚またはUS 10ドル）

アワードのサイズ：A4

ルール：自局のコールサインに関係なく，国内国外を問わず同じサフィックスで（2枚1組ではなく）必要な枚数のQSLカードを集める．

Aクラス…6枚

Bクラス…5枚

Cクラス…4枚

Dクラス…3枚．

例（Aクラス）JR1DTN，JG1DTN，JL1DTN，OK1DTN，JA2DTN，UV3DTN．

1978年1月1日以後の交信が有効．

特記：バンド，モード．

申請：申請書B＋500円（B/Pは手帳のコピーを提出すれば無料）

〒270-0007 松戸市中金杉1-158

鈴木 俊雄（JI1CMZ）

TEL…047-343-8822

E-Mail…r@t-u.jp
URL：http://www.t-u.jp/tl/tl-j.htm

室蘭アワード

地域収集

発行者：室蘭アマチュア無線クラブ
発行開始：1980年2月　発行数：765枚
SWL：発行する　外国局：発行しない
申請者の移動範囲制限：同一都道府県
アワードのサイズ：A4
ルール：室蘭市内運用局と交信しQSLカードを得る．
10局ごとに発行．クラブ員のQSLカードは市外から運用されたものも有効．ただしクラブ員である旨が明記されていること．
特記：バンド，モード．
申請：申請書C＋300円＋自局QSLカード
以下の条件でE-Mail申請を受け付ける．タイトルを「室蘭賞申請＋コールサイン」とし，PDFファイルによる添付資料．申請料はその後連絡するゆうちょ銀行へ振り込む．
〒050-0086 室蘭市大沢町2-16-6

大滝 明（JA8NNE）
TEL…0143-43-3528
E-Mail…ja8nnemail@ybb.ne.jp

安兵衛賞

地域収集

発行者：新発田クラブ
発行開始：1971年4月1日　発行数：1,521枚
SWL：発行する　外国局：発行しない
アワードのサイズ：B5
ルール：1エリア1枚，2エリア2枚，3エリア3枚，4エリア4枚，5エリア5枚，6エリア6枚，7エリア7枚，8エリア8枚，9エリア9枚＋0エリアは新発田市在住局2枚，合計47枚のQSLカードを得る．
電子QSLカード有効．クラブ員のQSLカードを使用の場合は，0エリアのほかの1枚は，0エリアであれば新発田市でなくてもよい．クラブ員のQSLカードは新発田市以外の運用でもよい．
クラブ員…JA0MR, JA0BET, JA0BJY, JA0BTS,

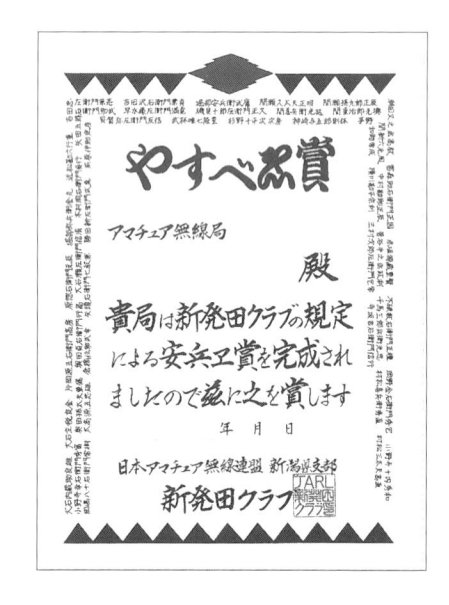

JA0BYV, JA0CDP, JA0CON, JA0FQZ, JA0IUA, JA0OIK, JA0PTK, JH0EHG, JH0LME, JH0QKU, JE0AWB, JE0QOS, JF0DZZ, JF0FDT, JG0SYA, JI0LPH, JI0QPE, JI0RUA, JJ0KKK, JJ0OYX, JJ0SVI, JA0YOK, JA8DME.

特記：バンド，モードほか．

申請：申請書C＋400円（82円切手×5も可）

〒957-0015 新発田市東新町2-3-18

佐藤 敏夫（JA0BYV）

E-Mail…yok@bi.wakwak.com

参考：同ルールで申請料無料のeAwardも発行中．詳細やWebサイトを参照．

URL：http://park10.wakwak.com/~yok/

山形県全市全郡賞

地域収集

発行者：JARL山形県支部

発行開始：1981年4月1日　**発行数**：524枚

SWL：発行する　**外国局**：発行する（IRC 10枚）

申請者の移動範囲制限：常置（設置）場所からに限る．

アワードのサイズ：A4

ルール：山形県下の5地区の局と交信し，QSLカードを得る．

置賜地区（米沢市，長井市，南陽市，東置賜郡，西置賜郡）．

山形地区（山形市，上山市，天童市，東村山郡）．

村山地区（寒河江市，村山市，東根市，尾花沢市，北村山郡 西村山郡）．

最上地区（新庄市，最上郡）．

庄内地区（鶴岡市，酒田市，飽海郡，東田川郡）．

クラスA…県下全市全郡の対象地区をそれぞれ3バンドにわたり，異なる局と交信する．なお各対象地区との交信は異なるバンドでも可．

クラスB…県下全市全郡の局と交信する．

クラスC…県下5地区の各1局と交信する．

申請：申請書C，クラスAは300円，クラスBとクラスCはJARL会員700円，非会員1,000円（それぞれ82円，52円切手の組み合わせ可）

〒994-0062 天童市長岡北3-3-37

武田 純成（JA7EWQ）

E-Mail…ja7ewq@jarl.com

URL：http://www.jarl.com/yamagata/

そのほかにもさまざまなアワードがあります

　本章で紹介したアワードは，現在発行されているアワードのごく一部です．残念ながら紹介できなかったアワードにも，魅力的で挑戦しがいのあるものが多数あります．ぜひこれらのアワードにも目を向けてください．

　また，期間限定アワードも含め，今後新規にユニークなルールのアワードが発行されることも十分予想できます．いろいろな情報源に注目して，アワードハントを楽しみましょう．

第4章

アワードハントのための基礎知識

本章では，アワードハントのために最低限知っておきたいことを説明します．アワード申請に有効なQSLカードとはどのようなものか，アワードをどうやって申請すればいいのかなどを，わかりやすい図と実際のアワードを例にあげながら解説します．

4-1　アワードハントとQSLカード

アワードハントに用意するQSLカードには，どのような条件が必要なのでしょうか．普段何気なく手にしているQSLカードにも，意外な落とし穴が…！　さっそくチェックしましょう．

有効なQSLカード

アワードのルールは千差万別．必要なQSLカードの条件もそれぞれ違い，一口では言いきれません．アワードに使用するQSLカードの一般的な注意点を紹介します．

図4-1にQSLカードの例を示します．DX交信を楽しむ方はゾーン・ナンバーも明記しておきます．このほか，衛星通信の場合は衛星名が必要です．

● QSLカードに記載する事項

JARLのアワード規程を要約すれば，アワードに使用するQSLカードには，次の事項が記載されていなければなりません．

① QSLカード受領局のコールサイン
② QSLカード発行局のコールサイン

図4-1　QSLカードの例

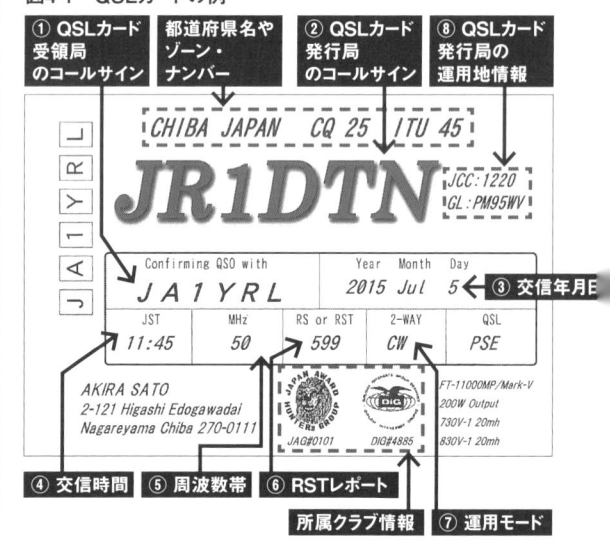

① QSLカード受領局のコールサイン
都道府県名やゾーン・ナンバー
② QSLカード発行局のコールサイン
⑧ QSLカード発行局の運用地情報

CHIBA JAPAN　CQ 25　ITU 45

JR1DTN　JCC:1220　GL:PM95WV

Confirming QSO with　JA1YRL　　Year 2015　Month Jul　Day 5 ← ③ 交信年月日

JST 11:45　MHz 50　RS or RST 599　2-WAY CW　QSL PSE

AKIRA SATO
2-121 Higashi Edogawadai
Nagareyama Chiba 270-0111
JAG#0101　DIG#4885

FT-11000MP/Mark-V
200W Output
730V-1 20mh
830V-1 20mh

④ 交信時間　⑤ 周波数帯　⑥ RSTレポート
所属クラブ情報　⑦ 運用モード

第4章　アワードハントのための基礎知識

③ 交信年月日
④ 交信時間
⑤ 周波数帯
⑥ RSTレポート
⑦ 運用モード
⑧ JCCやJCG，AJAの番号，グリッド・ロケーターなどのQSLカード発行者の運用場所（申請するアワードに必要な範囲）

　一般のアワードでは，ルールに応じて，クラブの会員番号（例 JAG#101など）や特定のアワード用の番号（例 YU-452など）などが必要です．これらが記載されていないQSLカードは，そのアワードには無効となるので，忘れずに記載します．

　QSLカードを受け取った局が，どんなアワードにも使えるように，できるだけ多くの情報を記載する配慮をしておきましょう．

● 電子QSLは有効？

　JARL発行アワードでは，電子QSLシステムのeQSL[※4-1]（p.91のコラム3参照）で届いたQSLカード（図4-2）やE-Mailで届いたPDF形式のQSLカードなどでも，それが紙に印刷されていればQSLカードとして有効です．一般のアワードもほとんどがJARLに準じていますから，同様に有効と判断できます．無効な場合はルールに明記されています．

図4-2　eQSLで届いたQSLカード

　eQSLは交信したその日に届くこともあるので，短期間のアワード完成に役立ちます．まだ利用していない方もぜひ一度eQSLを覗いてみてください．登録していなくても，QSLカードが届いているかどうかを確認できます．日本語にも対応していますから，ぜひ登録してみてください．

QSLカードの整理方法

　アワード申請時はQSLカードが手元にあるかどうかを確認ます．そこで，必要なQSLカードを効率良く探すアイデアをお伝えします．

● QSLカードの整理

　QSLカードを受け取ったら，まずログ帳やハムログに受領チェックを入れます．ハムログを使っていれば，次の交信でQSLカードを受け取っているかどうかを話題にできますし，各アワードの進捗状況も管理できます．

　収納方法は「コールサイン順」にそろえることが肝心です．バンド別やQTH別にすると，アワードのルールによってはQSLカードを探すときにやっかいで，時間がかかり苦労します．

　枚数が増えると収納場所も考えなくてはなりません．ラックなどを利用してコールサイン順に収納し，取り出しやすい体制にしておきましょう．

● 手作業でQSLカードを探すコツ

　コールサイン順に並んでいれば，QSLカードを順番に手にしてチェックできます．ハムログを使っていない方は，探す条件，例えば「千葉県」を念仏のように唱えながら(hi) 1枚ずつ探していきます．QSLカードのどこにQTHが書かれているか，慣れると一目でそこに目が行くようになります．また，QSLカードのデザインも自然に頭に入りますから，次の交信で話題にもなります．

※4-1　http://www.eqsl.cc/qslcard/Index.cfm

コラム4 ハムログでQSLカードを印刷するときに，希望の文字列を入れたい！

ハムログのQSLカード印刷機能で，好きな位置に文字列を書き込む方法を説明します．使用しているQSLカード印刷定義ファイルに手を加えて，コンテスト名や各種のアワード向けナンバーなどを追加します．**図4-1**(p.142)のQSLカードに文字列を加えます．

① 「QSLカード印刷」の画面(**図4-a**)を開き「編集」をクリックして定義ファイルの編集画面を開く．
② わかりやすい行のところ(フォントの指定をしている行の直前が良い)にカーソルを置く．続いて「命令」→「フォントの指定」を開く(**図4-b**)と，フォント画面が表示される．
③ フォント名，スタイル，サイズ，色を指定して「OK」をクリックする(**図4-c**)．
④ 編集画面に**図4-d**に示すに行が追加される．ここでは「MSゴシック」「フォントサイズ14」「文字色 黒」「斜体」と指定されている．書体の指定は何度でも変更できる．
⑤ この4行の次に「#Print 230, 390, "2015 6m AND DOWNコンテスト"」と入力すれば，「カードの左辺から2.3mm，上辺から39mmの位置に『2015 6m AND DOWNコンテスト』の文字列を印字する」という命令になる．印字位置は数値を変更すると自由に変えられる．
⑥ "2015 6m AND DOWNコンテスト"の代わりに"!R1"と入力すれば，入力画面のRemarks1にある「半角％でくくられた文字列(例 ％ YU-811％)」が印字される．
⑦ 書き換えた印刷定義ファイルは名前を付けて保存をしておくこと．

以上で，文字列の追加ができました(**図4-e**)．この技を覚えておくと，QSLカード・デザインの自由度が飛躍的に向上します．FBなQSLカードをぜひお作りください．

図4-a 印刷定義を選び，編集をクリック

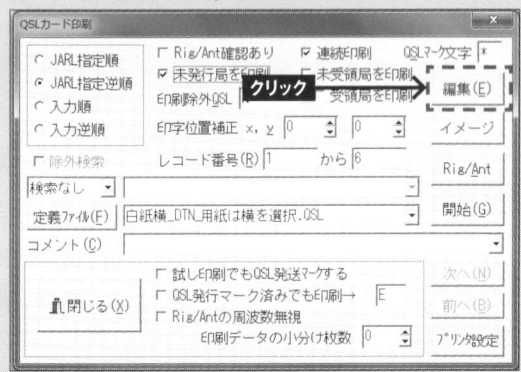

図4-b すでにフォントを指定している定義の直前にカーソルを置く

図4-c さまざまなフォントの指定が行える

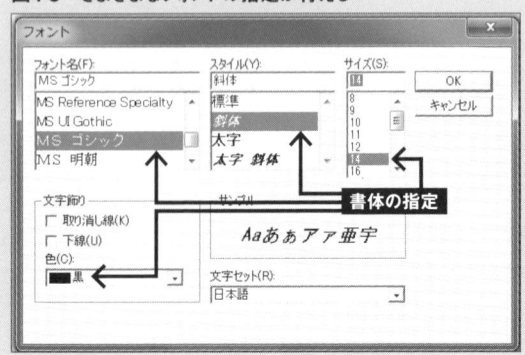

図4-d 挿入したフォントと文字列の指定

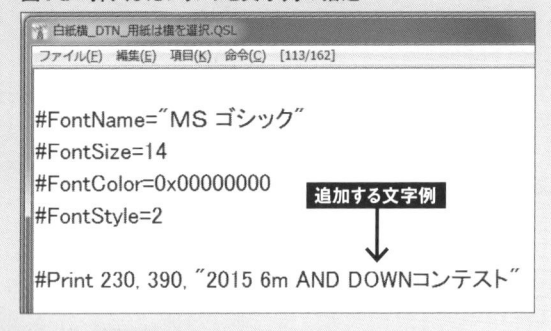

```
#FontName="MS ゴシック"
#FontSize=14
#FontColor=0x00000000
#FontStyle=2

#Print 230, 390, "2015 6m AND DOWNコンテスト"
```

追加する文字例

図4-e 文字列を挿入が完了

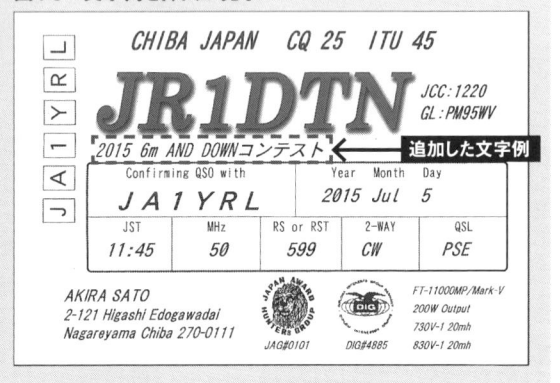

第4章　アワードハントのための基礎知識

4-2　アワードの申請手順

ここでは，実際にアワード申請書を作る方法を図解を用いて説明します．

ルールの読み方

まずは，ルールの読み方です．p.92で紹介している「50 in Chiba City(50CC)」を例にあげて説明しましょう．

発行者は千葉アワードハンターズグループ．**発行枚数**は現在までに101枚．このアワードは**SWL**にも**外国局**にも発行されます．

申請者の移動範囲の記載はありませんから，申請者はどこで運用してもかまいません．移動範囲は同一都道府県に限る，移動そのものを認めないというアワード(例88-JA8)もありますが，その場合はルールに明記されています．

50CCの**ルール**は「千葉市で運用する50局よりQSLカードを得る」とあります．交信するだけでQSLカードの取得が不問のアワード(例100局交信賞)もありますが，その場合はルールに明記されています．「交信する」としかルールに書かれていなければ，QSLカードの取得が必要と理解してください．千葉市内で運用する移動局も有効で，これも特に書かれていません．移動局との交信を認めないアワードは，その旨がルールに明記されています(例倉敷クラブAWARD)．

特記とは，同一の周波数(バンド)や電波型式(モード)，そのほかの条件のもとに完成した場合に付記されます．ルールに記載されていない事項の特記は認められません．

ルールに合致した交信をログ上で確認できたら，申請に移ります．

申請方法

アワードの申請方法は，申請書(本書ではアワード申請書とQSLカード・リストを一つにまとめて「申請書」とします)に必要事項を記入し，申請手数料(特に記載がなければ定額小為替)を添えて申請先に郵送します．

• QSLカードをそろえる

ログ帳を見て，アワードに使用するQSLカードが届いているかどうかを確認して，交信データのリストを作ります．さらに，ハムログを使っていれば，簡単に交信データを検索して，リストのプリントアウトができます．

交信データのメモを見ながら，受け取ったQSLカードの中から必要なものを1枚1枚手作業で抽出していきます．大変な作業ですが，きれいに整理されていれば，必要なQSLカードがどこにあるかおおよその見当がつくと思います．

QSLカードの裏表を1枚1枚画像で保存しておき，それをデータとして抽出する方法もあります．しかし，これからQSLカードのデータを保存するとなると，人によっては作業が数万枚にも及ぶでしょう．膨大な時間が必要になるので，手元のQSLカードの枚数が少ない人以外にはお勧めできません．手作業で数百回探し出したとしても，かかる時間は手作業のほうがきっと早いと思います．

• 申請書の書き方

JARL発行アワードの申請書の例を**図4-3**(p.146)に示します．自筆の署名があれば，印鑑は不要で

アワード申請書

2015 年 12 月 31 日

一般社団法人 日本アマチュア無線連盟 会長殿

申請者　コールサイン（準員ナンバー）　JR1DTN
　　　　（ローマ字）　AKIRA SATO
　　　　氏名（または社団名と代表者名）　佐藤 哲　㊞
　　　　住所　〒270-0111　千葉県流山市江戸川台東 2-121
　　　　連絡先電話番号　（090）3528－6750
　　　　E-Mail　jr1dtn@jarl.com

私は、以下のアワードをJARL制定のアワード規約の規定に基づいて申請します。

1　申請するアワードの名称：**JCC-150**　☑アワード　☑ステッカー
希望する特記事項：① ② ③

2 この欄は、JCC-100・JCG-100・1200MHz-10・2400MHz-10・5600MHz-10・10GHz-10・24GHz-10・47GHz-10・75GHz-10・VU-1000・WARC-1000・WASA-HF-1000・WASA-V・U・SHF-1000・AJA-1000を超える各アワードを申請する場合に記入します。

既得のアワードの名称および発行番号	アワードの名称	発行番号	AJA WASA ステッカー局数
	JCC-100	6580	

3 この欄は、WACA・HACA・WAGA・HAGAの各アワードを申請する場合に記入します

最終交信年月日	最終交信の都市番号または郡番号	楯：希望の有無
年　月　日		□有　□無

4 JARL会員・非会員の別
☑会員
□非会員

5 ① 申請手数料　500円・楯代　　　円
☑定額小為替
□郵便為替（通信欄に○○アワード申請料と明記してください）
□銀行振込

《QSLカードの誓約欄》　このアワード申請にかかるQSLカードリストに記載されているQSLカードを私（申請者）が所持しており、かつ、そのリストの内容がQSLカードの記載事項と相違ないことを誓約します。また、本申請にかかるこれらのQSLカードの提出を求められたときには、速やかに提出します。

誓約年月日　2015年12月31日
コールサイン　JR1DTN
申請者氏名（署名）　佐藤 哲　←自筆サイン

※ 申請書送付先：〒東京都豊島区南大塚3-43-1　JARLアワード係

――以下、アワードを送付する際に使用するので、はっきり記入してください。――

宛先　（〒270-0111）流山市江戸川台東 2-121　　佐藤 哲 様
賞状在中につき折り曲げ厳禁
コールサイン（準員ナンバー）　JR1DTN

図4-3　JARLアワード申請書の見本

第4章　アワードハントのための基礎知識

図4-4　一般アワード申請に使う例

```
千葉アワードハンターズグループ    アワード申請書    2015 年 12 月 31 日
                                                    #

            一般社団法人 日本アマチュア無線連盟 会長殿
申請者 →
あて先を修正   コールサイン（準員ナンバー）    JR1DTN
              （ローマ字）                     AKIRA SATO
              氏名（または社団名と代表者名）    佐藤 哲  ㊞
              住所  〒270-0111
                    千葉県流山市江戸川台東 2-121
              連絡先電話番号  （090） 3528-6750
              E-Mail          jr1dtn@jarl.com

私は、以下のアワードをJARL制定のアワード規約の規定に基づいて申請します。

1  申請する       50CC              希望する    ①  430
   アワード                         特記事項    ②  FM
   の名称   ☑アワード  □ステッカー            ③
```

図4-5　他者によるQSLカード所持証明欄

```
《QSLカードの所持証明欄》 QSLカードのリストに記載されているQSLカードを申請者が所持してお
り、かつその内容が記載事項と相違ないことを証明します。    自筆サイン

    誓約年月日        コールサイン      証明者氏名（署名）
① 2015年12月31日      JH1IED           須藤 悦朗
② 2015年12月31日      JR1EMO           松井 秀男

以下、アワードを送付する際に使用するので、はっきり記入してください。

宛先  （〒 270-0111 ）
      流山市江戸川台東 2-121            佐藤 哲 様

      賞状在中につき折り曲げ厳禁   コールサイン（准員ナンバー）
                                   JR1DTN
```

す．一般のアワードでは，JARL様式を流用して，必要な部分のみ訂正・記入します（**図4-4**）．ワードやエクセルなどで自作した申請書も受け付けられますが，必要事項を書き漏らさないように注意してください．他者によるQSLカードの所持証明（GCR）が必要な申請書では，**図4-5**に示すように証明者の署名をもらいます．申請書Aの場合はそれぞれの印鑑も必要です．

QSLカード・リスト（p.148，**図4-6**）は，審査しやすいように記載します．局数アワードはコールサイン順，つづり字アワードは字の順番などです．「One Day JA7賞」のように，交信時間が必要な場合は備考欄に記入します．

●申請料

一般的には，郵便局で定額小為替（p.149，**写真4-1**）を購入し（手数料として1枚あたり100円必

要），受取人などは無記名で「定額小為替払渡票」を切り離さず申請書に同封します．この際「定額小為替金受領証書」は，アワードが到着するまで手元に残しておき，万一の事故に備えます．

アワードによってはゆうちょ銀行や郵便振替口座を用意している場合もあるので，送金手数料の

図4-6　コールサイン順に並べたQSLカード・リストの例

QSLカードのリスト(List of QSL cards)
コールサイン(Callsign)

都道府県 市郡番号(No.)	コールサイン (Callsign)	交（受）信年月日 (Date)	周波数帯 (Band)	電波型式 (Mode)	備考（大陸州、エンティティー、GL等） (Remarks)
1002	JA1CKE	2014/10/18	18	CW	
1006	JG1IEB	2010/09/20	18	CW	
120105	JH1IED	2011/10/15	18	CW	
1220	JR1DTN	2014/02/23	18	CW	
1325	JR1EMO	2014/09/23	18	CW	
19008	JI2SSP	2011/11/23	18	CW	
2708	JJ3EBU	2011/10/15	18	CW	
3101	JH4EZE	2013/09/16	18	CW	
3802	JH5GEN	2013/09/16	18	CW	

(a)コールサイン順

QSLカードのリスト(List of QSL cards)
コールサイン(Callsign)

都道府県 市郡番号(No.)	コールサイン (Callsign)	交（受）信年月日 (Date)	周波数帯 (Band)	電波型式 (Mode)	備考（大陸州、エンティティー、GL等） (Remarks)
	JH2DLJ	2015/12/01	7	SSB	J
	JA7FVA	2015/11/15	7	SSB	A
	JR4IKP	2015/09/30	7	SSB	P
	JF2AJA	2015/10/31	7	SSB	A
	JR1DTN	2015/11/10	7	SSB	N

(b)テールレター順　JAPANとつづる場合

※4-2 http://www.jarl.org/Japanese/1_Tanoshimo/1-2_Award/Award_Main.htm
※4-3 http://www.jarl.com/jag/

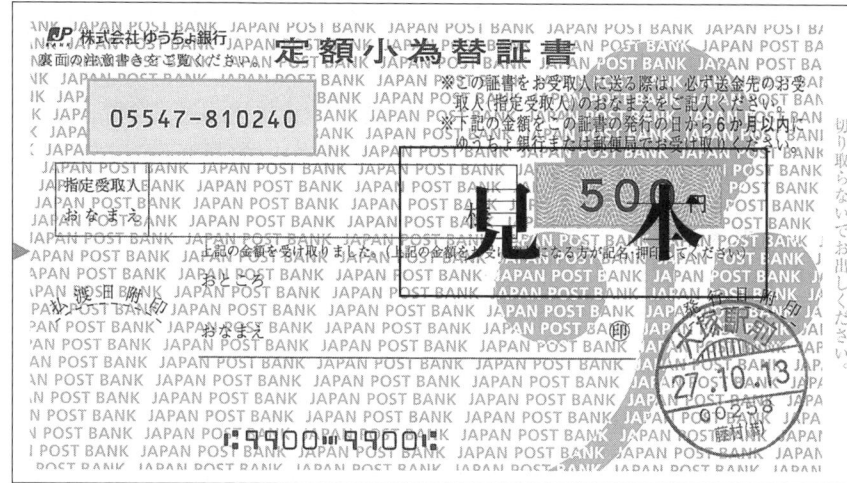

第4章　アワードハントのための基礎知識

写真4-1　定額小為替（見本）

かからない方法を選ぶとお得です．この場合は，送金した旨を必ずE-Mailなどで知らせる必要があります．

• アワード申請書の送付

　申請書と定額小為替を普通郵便でアワード・マネージャーに送付します．送付前には，申請書に記載漏れがないか，アワードのルールに合致しているかを再確認しておきます．

　アワードによっては連絡用の郵便ハガキを同封するように指示があるので，忘れずに用意します．連絡の必要がなければアワードと一緒に返送されます．本人確認のために，申請者のQSLカードを求めているアワードもあります．この場合「○○アワード申請用」と明記して申請書に同封します．

• アワードの電子申請

　電子申請が可能な一般のアワードが増え，ますます便利になってきました．E-Mailによる申請では，申請書とQSLカード・リストをテキスト，エクセル，ワード，一太郎，PDFのいずれかの形式で作り，添付ファイルで送信します．

　これまで，局数アワードではQSLカード・リストがコールサイン順に並んでいない申請書がたまにあり，アワード・マネージャーの悩みの種でした．しかし，エクセルなどの表計算ソフトのファイルで送ってもらえれば一瞬で並べ換えができるので，審査の効率化と負担の軽減に大きく役立ちます．

　申請料金は，後から定額小為替を郵送するか，銀行振り込みや郵便振替などで送金します．

　JARL発行アワードの電子申請については第3章の**コラム2**(p.73)をご覧ください．

• 書類の入手方法

　本稿で説明している申請書類はJARL Web内の「JARL発行アワードの紹介[4-2]」のページから，もしくはジャパン・アワードハンターズ・グループ（JAG）のWebサイト[4-3]内の「ダウンロード」から入手できます．

　インターネット環境のない方は，JARLのアワード係へ電話（TEL…03-3988-8757）で問い合わせるか，JAG事務局[4-4]あてにSASEでリクエストしてください．

(de JR1DTN)

[4-4] 〒225-0011　横浜市青葉区あざみ野2-7-13　野本建夫（JO1WZM）

付 録

アワードに使える
ハムログ検索技

アワードの完成状況をチェックするのに欠かせないツールが「ロギング・ソフトウェア」です．国内では，JG1MOU 浜田さんが公開している「Turbo HAMLOG for Windows（以下，ハムログ）」が圧倒的な人気を集めています．このハムログを使って，アワードの完成状況を確認する検索技のごく一部を紹介します．

未交信地域を確認する

ここでは，未交信の市郡区町村を検索します．ハムログの数ある検索機能の一つの「Wkd/Cfm一覧表示」は，バンド/モードごとに，市郡区町村そしてグリッド・ロケーター（4文字までと6文字の2種）とDXを対象にして，交信地域と未交信地域を表示してくれます．これを利用して，未交信地域のリストを表示させて印刷してみましょう．

● Wkd/Cfm一覧表示画面の説明

メニューバーの「表示」→「Wkd/Cfm一覧表示」をクリックすると「Wkd/Cfm一覧表示」画面が表示されます．この画面の使い方を，**図付録-1**とともに説明します．

① 表示させるバンドをここで選ぶ．チェックを一つも入れなければ，すべてチェックしたものと同じ動作になる．

② 検索したい地域を選ぶ．これはどれか一つだけしか選択できない．チェックが入った地域

図付録-1　Wkd/Cfm一覧表示

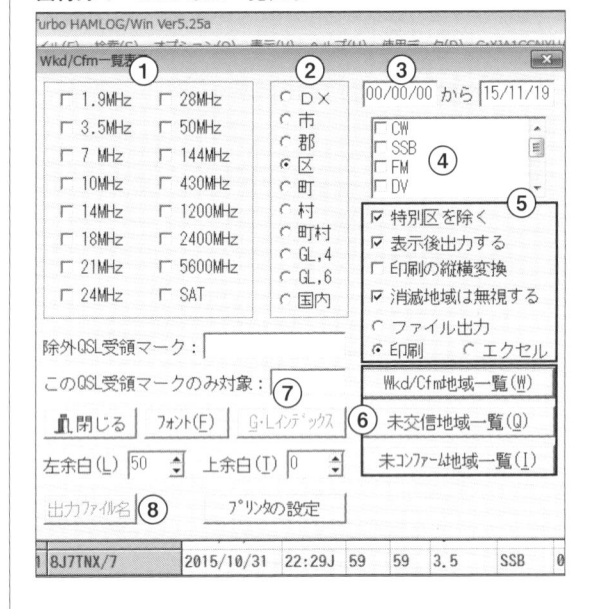

を表示する．

DX…外国や地域，島など．

市/郡/区/町/村…それぞれについての交信状況．

町村…町と村との交信状況を示す．町村を対象としたアワードの完成状況を調べるときに便利．

付録　アワードに使えるハムログ検索技

GL，4…グリッド・ロケーターの4文字目まで．
GL，6…グリッド・ロケーターの6文字すべて．
国内…市区町村との交信状況．「平成の市区町村交信アワード」のチェックに使える．

③ 検索したい期間が決まっていれば，その期間を入力する．

④ 検索したいモードにチェックを入れる．どれにもチェックを入れなければ，すべてチェックを入れているのと同じ動作になる．

⑤ データ出力についての設定．
特別区を除く…区にチェックを入れたときにだけ選択できる．チェックを入れると東京23区を除いて表示される．
表示後出力する…画面に検索結果を表示後，下にある「ファイル出力」「印刷」「エクセル」のチェックが入っている形式で出力できる．
消滅地域は無視する…チェックを入れると消滅した地域を表示しない．

⑥ 出力する対象を選ぶ．
Wkd/Cfm地域一覧…交信した地域とQSLカードが届いた地域の両方を表示．QSLカードが届いている交信にはCfmが表示される．
未交信地域一覧…未交信の地域を表示する．
未コンファーム地域一覧…未交信の地域，もしくは交信したがまだQSLカードが届いていない地域（Codeに＊が表示される）を表示．

⑦ 「G・Lインデックス」は，グリッド・ロケーターを正しく表示するために，インデックス・ファイルを再構築するもの．表示させる前に，このボタンをクリックしておく．

⑧ 「出力ファイル名」は，ファイル出力時の出力先の指定．このボタンをクリックして「Desktop」を指定しておくとわかりやすい．出力さ

図付録-2　未交信地域一覧

	Code	QTH	頭文字	
1	080106	新潟市南区	6み0	(0)
2	110302	川崎市幸区	6さ1	(0)
3	120104	千葉市若葉区	6わ1	(0)
4	200110	名古屋市中川区	6な2	(0)
5	200111	名古屋市港区	6み2	(0)
6	200115	名古屋市名東区	6め2	(0)
7	220101	京都市北区	6き3	(0)
8	220102	京都市上京区	6か3	(0)
9	250104	大阪市此花区	6こ3	(0)
10	250113	大阪市淀川区	6に3	(0)
11	250120	大阪市住吉区		
12	250122	大阪市西成区		
13	250127	大阪市中央区		
14	250203	堺市東区		
15	270108	神戸市中央区		
16	430103	熊本市西区		

（Turbo HAMLOG/Win　結果を印刷しますか？　はい(Y)　いいえ(N)）

れるファイルは「WkdList」という名前のテキスト・ファイル．

● 実際の使用例

図付録-1では「バンド，モード，交信日の指定なし」「東京23区を除く区を検索するが消滅地域は含めない」「表示後はテキストファイルで印刷する」という設定になっています．ここで，未交信地域を表示させてみます．

「未交信地域一覧」をクリックすると，**図付録-2**の画面が表示されます．このログでは，16区が未交信であることがわかります．「はい」をクリックすると，**図付録-3**（p.152）のようなリストがプリントアウトされます．プリントアウトしたリストは，見える位置に貼っておき，未交信地域を逃さずゲットしましょう．

さらに**図付録-1**の画面に戻り，「未コンファーム一覧」をクリックすると，**図付録-4**（p.152）の画面が表示され，未交信を含む未コンファームの区が26区あることがわかります．「＊」が付いているデータは交信済みだけど，QSLカードが届いていないことを示しています．必要であれば，これもプリントアウトできます．

図付録-3　プリントアウトしたリスト

```
 1      080106  新潟市南区      6み0
 2      110302  川崎市幸区      6さ1
 3      120104  千葉市若葉区    6わ1
 4      200110  名古屋市中川区  6な2
 5      200111  名古屋市港区    6み2
 6      200115  名古屋市名東区  6め2
 7      220101  京都市北区      6き3
 8      220102  京都市上京区    6か3
 9      250104  大阪市此花区    6こ3
10      250113  大阪市西淀川区  6に3
11      250120  大阪市住吉区    6す3
12      250122  大阪市西成区    6に3
13      250127  大阪市中央区    6ち3
14      250203  堺市東区        6ひ3
15      270108  神戸市中央区    6ち3
16      430103  熊本市西区      6に6
```

図付録-4　未コンファーム地域一覧

同様にして，市や郡，町村のリストも表示できます．ご自身に必要なリストを準備しておくといいでしょう．

テールレターの探し方

つづり字アワードで，テールレターを探すこと

図付録-5　検索条件の設定画面

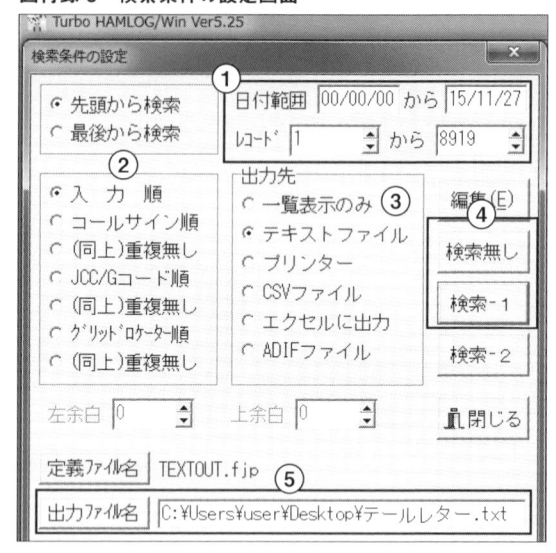

がよくあります．ここでは，ハムログを使いいろいろな条件のもとでのテールレターを簡単に見つける方法を紹介します．

● **複合条件検索と印刷**

メニューの「検索」→「複合条件検索と印刷」をクリックし，「条件検索の設定」画面を開きます（**図付録-5**）．この図を見ながら，この画面の説明を行います．

① 検索する範囲を設定する．「日付範囲」「レコード」に対象とする交信データの範囲を入力する．

② 出力させる順番を設定する．「入力順」はレコード番号順に出力．コールサイン順の「(同上)重複なし」を選ぶと，複数回交信しているコールサインの内，レコード番号がもっとも小さいデータを表示する．

③ 検索結果の出力先を設定する．

一覧表示のみ…画面に表示するだけ．

テキストファイル…テキスト形式のファイルで出力される．

プリンター…テキスト形式で印刷する．

付録　アワードに使えるハムログ検索技

図付録-6　複合条件検索画面

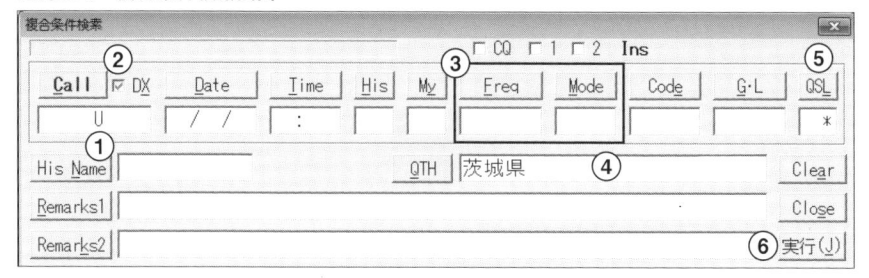

図付録-7　検索結果を表示

エクセルに出力…エクセル形式のファイルで出力．
④ 検索対象を設定する．
　検索無し…すべてのデータが出力される．
　検索-1…「複合条件検索」画面が開き，各種の条件を与えて検索できる．
⑤ 出力ファイル名．
　ファイルの出力先とファイル名が設定できる．ここでは「Desktop」に「テールレター」という名前で保存する指定をしている．

● **複合条件検索画面**

複合条件検索画面（**図付録-6**）から，テールレターの検索を行い，結果はテキスト・ファイルに出力させます．
① 6文字のコールサインの局を検索する場合，入力欄にスペースを5個入力した後，6文字目に検索したい文字を入力する．
② 「DX」を1回クリックして灰色チェックを入れると，国内局だけを検索できる．黒色チェックならDX局だけ．
③ バンド/モード別に検索するときはそれぞれの入力欄に入力する．
④ 特定の都道府県の局を検索したい場合は，QTH欄にそれを入力しておく．
⑤ QSL欄は3文字目に「＊」を入力しておく．QSLカードの取得が不要なら，空欄でかまわない．
⑥ 実行をクリックすると検索結果が表示される（**図付録-7**）．「検索結果を表示しますか？」が表示されるので「はい」をクリックして結果を出力する．出力したファイルは，ファイル名を「テールレターU」というように変更しておくとよい．

● **テールレターの拾い出し**

先ほどの作業を繰り返し，アワード申請に必要なテールレターをすべて出力します．
出力させたテキスト・ファイルから，必要なデータをQSLカード・リストにコピーしていきます．このとき，少し余分にコピーしましょう．
以上で，テールレターの抽出は完了です．ログのデータを1件1件確認していくのは大変な作業なので，ハムログの検索機能を使って省力化を図りましょう．

掲載アワード一覧

　本誌にルールを掲載しているアワードを「数字」「アルファベット」「五十音」の順番に並べた一覧表です．調べたいアワードの名前が事前にわかっているのであれば，ここからアワードのルールにたどり着けます．

　種別の欄に記載されている文字は，各アワードのルールの説明に付けられているアイコンを示しています．それぞれの文字は次のアイコンを示します．

- 地… 地域収集
- つ… つづり字
- 数… 局数収集
- 特… 特定局収集
- 文… 文字収集
- コ… コールサイン
- そ… その他

ページ	種別	アワード名
92	地	3Band WAC賞
93	地	6・6賞
93	地	6・6・6賞
66	数	10GHz-10/50/100〜500
2	地	10 ISLANDS AWARD
65	数	10MHz-100
65	数	18MHz-100
66	数	24GHz-10/50/100〜500
65	数	24MHz-100
66	数	47GHz-10/50/100〜500
92	地	50 in Chiba City（50CC）
65	数	50MHz-100
66	数	75GHz-10/50/100〜500
94	地 数	88-JA8, 88-JA8/2
94	地	99賞
74	数	100局交信賞
65	数	144MHz-100

ページ	種別	アワード名
65/74	数	430MHz-100
66	数	1200MHz-10/50/100〜500
66	数	2400MHz-10/50/100〜500
66	数	5600MHz-10/50/100〜500
75	つ	ABIKO AWARD
95	つ	ACC PREFIX AWARD
67	地	ADXA（Asian DX Award）
67	地	ADXA-HALF（Asian DX Award Half）
31/62	地	AJA（All Japan Award）
60	地	AJD（All Japan Districts Award）
95	地 数	ALL CHIBA AWARD
96	地	All Miyagi Award
3	地	ALL NIIGATA AWARD
97	地	ANA長崎県全市町交信賞・受信賞
55	文	ASIA ALPHABET JAPAN
97	そ	CW-777 AWARD
98	コ	GC賞

掲載アワード一覧

ページ	種別	アワード名
69	地	HAC（Heard All Continents Award）
61	地	HACA（Heard All Cities Award）
61	地	HAGA（Heard All Guns Award）
61	地	HAJA（Heard All Japan prefectures Award）
98	地 数	IBARAKI PREFECTURE AWARD（IPA）
74	つ	ISOCアワード
99	文	JA6賞
99	地 数	JAG21世紀アワード
76	つ	JAG創立30周年記念アワードⅠ
76	つ	JAG創立30周年記念アワードⅡ
100	特	JAG創立40周年記念アワードⅠ
100	つ	JAG創立40周年記念アワードⅡ
34	コ	JAIAクラブアワード（JCA）
6	地	Japan Island Award（J.I.A.）
101	そ	Japan Postal Code Award（JPA）
101	コ	Japan Special Call Award（JSCA）
4	地	JAPAN THE FOUR CORNERS AWARD 四極賞
68	コ	JARL Stations Award
70	そ	JARLアワードマスター
121	地	JARL倉敷クラブAWARD
82	つ	JARL倉敷クラブ創立30周年記念アワード
48	地 数	JARL創立90周年記念アワード
63	地	JCC（Japan Century Cities Award）JCC-100〜JCC-800
64	地	JCG（Japan Century Guns Award）JCG-100〜JCG-500
11	地	KUROBE名水AWARD

ページ	種別	アワード名
102	特	MARS医学アワードⅡ
103	コ	MG5賞
88	つ	NKDXC AWARD
77	つ	NORTHERN FOX AWARD
1	地	One Day AJD
103	地	One day JA7賞
104	地	ONE DAY KYUSYU
104	地	ONE DAY WAC
105	地	ONE DAY WAJA
53	そ	Overseas Marathon Dx Award
106	コ	OVER THREE LETTERS OF THE SUFFIX AWARD
105	特	OVERSEAS AWARD
29	地	PSCW
106	コ	PXCC（Prefix Collection Certificate）
107	地 数	QRP459賞
77	つ コ	RL AWARD
108	地 つ	SAHC-Ⅱ賞
108	地 つ	S.H.C.A.
88	つ	SL義経賞
78	つ	THAG FM AWARD
109	特	The SAMURAI
109	つ	The Station Award（T.S.A）
66	数	V・U-1000
66	数	V・U-2000〜9000
66	数	V・U-10000

ページ	種別	アワード名
61	地	WACA（Worked All Cities Award）
61	地	WAGA（Worked All Guns Award）
61	地	WAJA（Worked All Japan prefectures Award）
110	地	WAKAYAMA AWARD
62	地	WAKU（Worked All KU Award）
64	数	WARC-1000
36/68	地	WASA-HF（Worked All Squares Award HF）
68	地	WASA-V・U・SHF（Worked All Squares Award V・U・SHF）
111	地	WAY賞
110	地	WJDXA（Western Japan DX Award）
94	特	WORKED ACC MEMBERS AWARD ACC 10局賞
111	地	WORKED ALL NARA AWARD
112	地	Worked Chiba City（WCC）
112	地 数	WORKED JA5 AWARD
89	つ	Worked Tokachi Award
113	地	Yamato Club Award
113	特	YL-10局賞
114	地	YOKOSUKA 50 AWARD
114	地	青森県全市町村交信（受信）賞
115	地 つ	青森ネブタアワード
12	地	秋田全市町村賞
115	つ	安曇野クラブアワード
69	数 そ	アマチュア衛星「ふじ」アワード
116	地	石川県全市町交信アワード
79	地 つ	石川賞

ページ	種別	アワード名
116	地	岩手県全市町村交信賞
79	つ	岩手雪まつり40周年記念アワード
117	地	お江戸東京・旅アワード
118	地	大分県全市町村賞
81	つ	大牟田大蛇山まつり賞
119	地	オール愛知賞
118	地	オール群馬アワード
119	地	岡山市全区交信賞
80	つ	尾道21世紀アワード
120	地 文	神奈川アルファベット賞
81	地 つ	咸臨丸賞
82	地 つ	北九州市賞
121	地 数	岐阜木曽三川賞
5	地	久慈川源流の里賞
122	地	高知賞
123	地 文	高知AZ賞
28	地	湖沼賞
83	地 つ	こま犬賞
123	地	コンテストマニア賞（CMA）
124	地 数	埼玉100局賞
84	つ	さくらんぼ賞
84	地 つ	さよなら広尾線賞
124	つ	白石こけし賞
85	地 つ	新龍馬賞
8	地 そ	水郷日田賞

156　アマチュア無線 アワードハント・ガイド

掲載アワード一覧

ページ	種別	アワード名
86	つ	砂町クラブ賞
49	そ	隅田川七福神の宝船 綴り文字賞
38	数	世界一万局よみうりアワード
125	地	全愛知交信賞
125	地 数	全関東交信賞Ⅲ
126	地	全九州賞(All Kyushu Award)
126	地	全国町村交(受)信賞
127	地	全信越アワード
128	地	全千葉交信賞
38	数	全日本一万局よみうりアワード
128	地	全福島賞
129	地 数	高槻クラブ賞
87	地 つ	滝川しぶき祭賞
129	つ	地球岬アワード第三弾
129	地	土浦クラブアワード
10	地 つ	天童賞
130	地 そ	天領日田賞
131	地 数	東京消防AWARD
131	地 数	東京都支部賞
132	地	鳥取50局賞
87	つ	苫小牧賞
132	地	富山県全市町村交信賞
7	地	長崎の教会群世界遺産登録支援記念賞 AWARD
133	地	長野県全市全郡賞
133	地	名古屋60賞

ページ	種別	アワード名
134	文	なにわ賞
135	地	奈良あわぉど
135	地	日本の道アワード
89	地 つ	八戸三社大祭賞
136	地	浜松市全区賞
136	地	阪神クラブ賞
90	そ	パンダアワード(大熊猫賞)
137	つ	日田どんあわーどⅡ
9	地	福井県全市町交信賞
137	地 数	平安建都1200年記念アワード
138	つ	別府温泉アワード
139	地	北陸全市町村交信賞
90	つ	ぼたんアワード
86	つ 文	まほろば賞
13	つ	みずばしょう賞
22	地	道の駅アワード
14	地	宮崎県全市町村交信賞
16	地	武蔵野アワード
139	コ	六ツ子賞
140	地	室蘭アワード
140	地	安兵衛賞
50	そ	やっとかめだなも賞
141	地	山形県全市全郡賞
25	地	湯けむりアワード
15	地	吉野ヶ里歴史公園賞

索引

アルファベット

ADIF	91
B/H	19
B/P	19
eQSL	91
GCR	53
JARLアワードの電子申請	73
QRP	71
QRPp	71
QSLカード	142
SASE	19
SWL	70

あ行

アワード・マネージャー	55
移動範囲	71

か行

期間限定アワード	48
局数収集アワード	48
グリッド・ロケーター	37
ゲストオペ	72
コールサイン収集アワード	47

さ行

申請書A	19
申請書B	19
申請書C	19
申請者の移動範囲制限	19
申請書の書き方	145
申請料	19

た行

地域収集アワード	47
つづり字アワード	47
データファイルで発行されるアワード	54
テールレター	19
テールレターの探し方	152
定額小為替	147
特定局収集アワード	47
特記事項	71
トップレター	19

ま行

未交信地域を確認する	150
ミドルレター	19
文字収集アワード	47

や行

有効なQSLカード	142

著者プロフィール

JH1IED　須藤 悦朗　JAG#900　JARLアワード委員長

1967年12月25日開局．初めて取得したアワードはDXCC，よみうり一万局賞（世界，全日本），DXCCをはじめとして国内外アワード約500種類取得．現在も160mから6mでQRVしてアワードハントを継続中．

JR1DTN　佐藤 哲　JAG#101　JARLアワード委員

1969年末に13歳で開局．以来，QSLカード集めが高じてアワードハントに精を出し，国内外数百枚のアワードを所持．全日本よみうり一万局アワードが最高峰．

JR1EMO　松井 秀男　JAG#1154

1970年開局．WACA，WAGA，DXCCをデジタルで3バンド完成したので，次は7MHzで挑戦中．EPCの無料アワードは231枚取得．初めてのアワードはMG5, JCC, WAJAでした．

JH5GEN　越智 省二　JAG#586

1979年1月開局．2m FMのみの運用からHF帯に入り，素晴らしいOM各局と巡り合ってアワードハントの楽しさを教わりました．独自の特記でアワードを楽しんでいます．

ジャパン・アワードハンターズ・グループ

　1977年8月21日に53名の有志によって発足されたアワード収集愛好家のグループです．38年の歴史と534名の会員を有する日本有数のアマチュア無線クラブに発展してまいりました（2015年12月1日現在）．

　本会は，アワードハントを通じ，国の内外におけるアマチュア無線の健全なる発展を図り，会員相互の友好を増進し，あわせて内外の無線科学ならびに文化の向上に寄与することを目的としています．前JARL会長（JA5MG）を筆頭に，歴代のJARLアワード委員が多数在籍．

　クラブ主催コンテストやQSOパーティ，クラブ発行アワードで，一般の方にも広くアマチュア無線の楽しみを提供しています．クラブの詳細はJAGのWebサイトをご覧ください．
URL：**http://www.jarl.com/jag/**

Special Tnx
JR3KQJ, JR3LCF, JA8AHA, JG8QXB, JA9CD, アマチュア無線クラブ グループ友，久慈サンキスト倶楽部，各アワード発行者，JARL

■ **本書に関する質問について**

文章，数式，写真，図などの記述上の不明点についての質問は，必ず往復はがきか返信用封筒を同封した封書でお願いいたします．勝手ながら，電話での問い合わせは応じかねます．質問は著者に回送し，直接回答していただくので多少時間がかかります．また，本書の記載範囲を超える質問には応じられませんのでご了承ください．

質問封書の郵送先
〒112-8619 東京都文京区千石4-29-14　CQ出版株式会社
「アマチュア無線 アワードハント・ガイド」質問係 宛

- **本書記載の社名，製品名について** ── 本書に記載されている社名および製品名は，一般に開発メーカーの登録商標です．なお，本文中ではTM，®，©の各表示は明記していません．
- **本書記載記事の利用についての注意** ── 本書記載記事は著作権法により保護され，また産業財産権が確立されている場合があります．したがって，記事として掲載された技術情報をもとに製品化するには，著作権者および産業財産権者の許可が必要です．また，掲載された技術情報を利用することにより発生した損害などに関しては，CQ出版社および著作権者ならびに産業財産権者は責任を負いかねますのでご了承ください．
- **本書の複製などについて** ── 本書のコピー，スキャン，デジタル化などの無断複製は著作権法上での例外を除き，禁じられています．本書を代行業者などの第三者に依頼してスキャンやデジタル化することは，たとえ個人や家庭内の利用でも認められておりません．

JCOPY 〈(社)出版者著作権管理機構委託出版物〉
本書の全部または一部を無断で複写複製（コピー）することは，著作権法上での例外を除き，禁じられています．本書からの複製を希望される場合は，(社)出版者著作権管理機構（TEL：03-3513-6969）にご連絡ください．

アマチュア無線 アワードハント・ガイド

2016年2月1日　初版発行　　　　　　　　　　　　　　　© CQ出版株式会社　2016
　　　　　　　　　　　　　　　　　　　　　　　　　　（無断転載を禁じます）

　　　　　　　　　　　　　　　　　　　　　　　　　CQ ham radio編集部 編
　　　　　　　　　　　　　　　　　　　発行人　小澤　拓治
　　　　　　　　　　　　　　　　　　　発行所　CQ出版株式会社
　　　　　　　　　　　　　　　　　　　　〒112-8619　東京都文京区千石4-29-14
　　　　　　　　　　　　　　　　　　　　電話　編集　03-5395-2149
乱丁，落丁本はお取り替えします　　　　　　　　　　　販売　03-5395-2141
定価はカバーに表示してあります　　　　　　　　　　　振替　00100-7-10665

ISBN978-4-7898-1582-6　　　　　　　　　　　　　　編集担当者　沖田　康紀
Printed in Japan　　　　　　　　　　　　　　本文デザイン・DTP　㈱コイグラフィー
　　　　　　　　　　　　　　　　　　　　　　印刷・製本　三晃印刷㈱